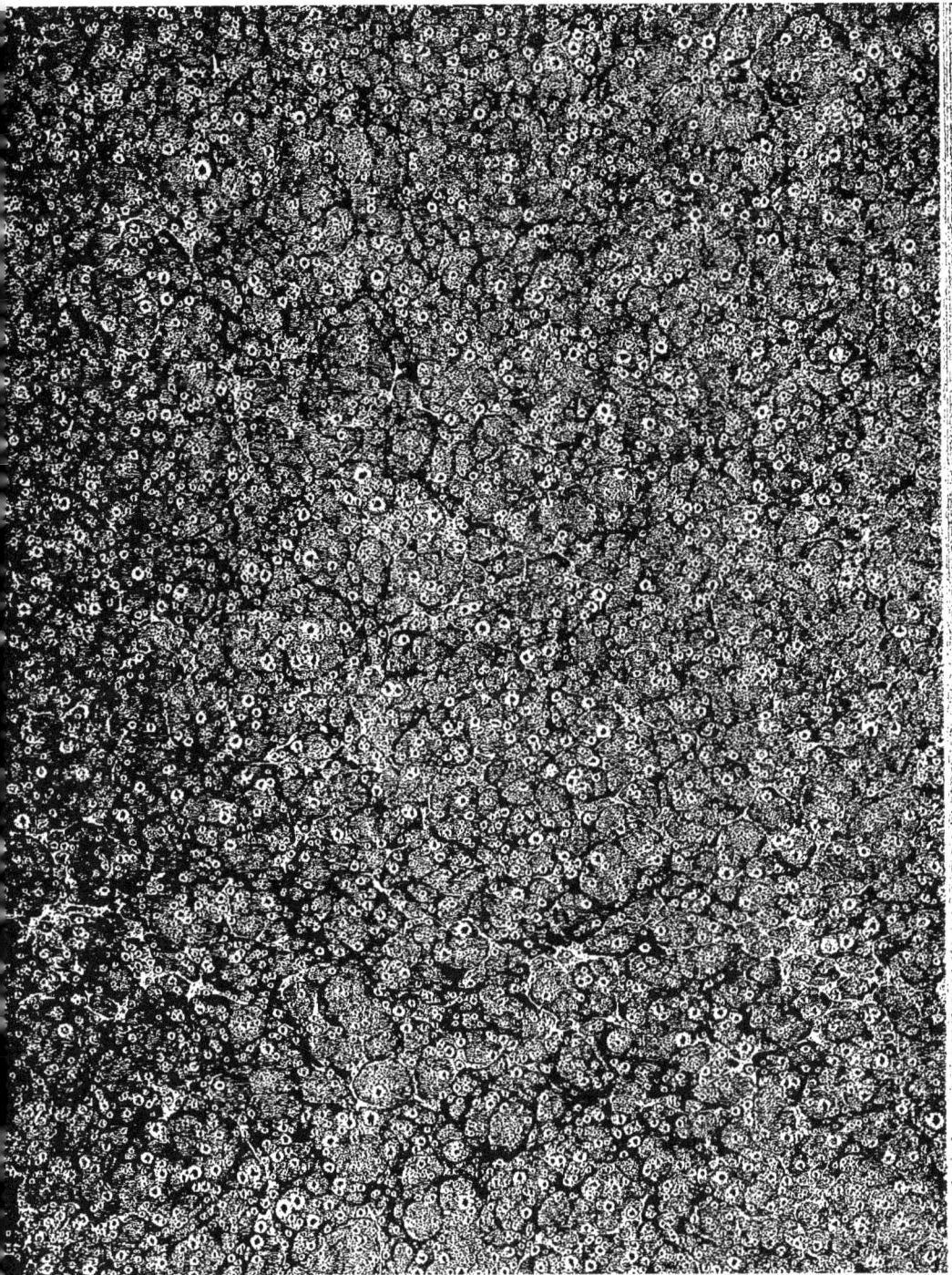

# OBSERVATIONS

## SCIENTIFIQUES,

### PAR BERNARD DE VINCENS,

#### CONTRE

Le procédé de l'Académie royale des Sciences, et le rapport fait par M. *Damoiseau*, dans la séance du 27 juillet 1829, que l'auteur ne connaît que par un article du Journal des Débats du 31 du même mois de juillet,

#### SUR

Son Opuscule intitulé : *Analyse de nouveaux éléments d'astronomie physique, dédiée à la jeunesse française.*

—————————◆◆◆◆—————————

L'Académie paraîtrait avoir pris pour adage :

*Error noster facit et semper faciet principium.*

L'auteur pense que l'on doit enseigner l'astronomie par l'observation des phénomènes, et par l'analogie de leurs illusions, avec semblables phénomènes sur la terre, et en bannir absolument *les hypothèses absurdes du système de Ptolémée*, opposées aux phénomènes et à leur cause.

—————————◆◆◆◆—————————

## PARIS,

CHEZ L'AUTEUR, QUAI BOURBON, N° 45 ;
CHEZ AUDIN, LIBRAIRE, QUAI DES AUGUSTINS, N° 25 ;
ET CHEZ MARIE, LIBRAIRE, PASSAGE DU PANORAMA.

1829.

IMPRIMERIE DE AUGUSTE MIE, RUE JOQUELET, N° 9,
Place de la Bourse.

J'appelle, comme je l'ai fait pour l'ouvrage auquel se rapportent ces observations, la critique la plus sévère sur le fond.

Quant à la forme, je n'ai jamais fait mon état d'être auteur : je n'ai jamais écrit que guidé par les circonstances; pour servir ma patrie en citoyen, toujours ami des lois, ennemi de l'arbitraire et de l'anarchie ; ennemi des projets rétrogrades parce que *tout avance vers l'avenir, et que rien ne peut revenir au passé.*

Ici, j'écris et j'ai écrit pour servir les sciences *par des découvertes,* dont celle *du mouvement de la terre,* regardé par les savants comme le système le plus probable mais *non prouvé, fixe la base de l'astronomie,* qui avant mes découvertes n'était *que systématique* et par conséquent incertaine.

Les savants seraient bien malheureux si, pour être compris par eux, il fallait être un *Démosthène,* faisant trop souvent triompher l'erreur par les charmes d'une éloquence séductrice et souvent *fallacieuse.*

Au surplus, l'épigraphe de mon ouvrage en annonçait et en annonce le principe et le but; je la répète ici.

« Si la terre était immobile, tous les mouve-
» ments de sastres, tous les phénomènes seraient
» réels : sa mobilité seule produit toutes leurs
» illusions ou apparences. »

Si ces faits sont vrais, mon ouvrage est excellent au fond.

Qui l'a dit avec preuve et développement
avant moi?

Et si on l'avait dit, pourquoi enseigner
comme élément de cette science *le système de
Ptolémée*, contradictoire avec les phénomènes
et la réalité du mouvement réel des astres,
connu par la seule analogie?

D'ailleurs, je suis fidèle à ce principe émis
par M. Biot (*Analyse du traité de la mécanique céleste par M. Laplace*, page 3):

« L'astronomie est un grand problème de
» mécanique dont les éléments sont fournis par
» les observations.» ( Moi je dis : « dont les
» éléments sont fournis par *les phénomènes, l'a-
» nalogie* et les observations.) »

# NOTE DE L'AUTEUR.

Ces observations sont, sous forme de lettre, adressées à l'Académie royale des Sciences contre le rapport de *M. Damoiseau*, un de ses membres; rapport que je ne connais que par cet article du journal des Débats, du 31 juillet dernier :

« Académie des Sciences. Séance du 27 juil-
» let. M. Damoiseau fait un rapport sur un
» ouvrage (1) intitulé: *Analyse de nouveaux*
» *éléments d'Astronomie, dédié à la jeunesse*
» *française.* Il pense que l'auteur n'a fait que
» rendre obscur ce qui est expliqué clairement
» ailleurs, et que son livre ne mérite nullement
» les suffrages de l'Académie.»

Quels qu'aient été le procédé machiavélique de l'Académie, par *la lettre antidatée* de son secrétaire perpétuel, *M. le baron Fourier*, et les expressions du résumé du rapport, que seul je connais; mon premier sentiment fut de lui adresser cette lettre, appelant de son jugement

(1) Ouvrage de 123 pages. Je ne l'ai appelé qu'*opuscule*; il est *ouvrage* par l'intérêt, puisqu'il *fixe l'astronomie* par la preuve de la mobilité réelle de la terre. Sa date fera époque: *le mouvement des astres cesse d'être système.*

( *mal éclairé par le rapport* ) de *Philippe* à *Philippe.*

Mais les usages *aristotéliques* de l'Académie me prouvent qu'ils sont plus conformes aux principes du *fils de Philippe* qu'à ceux de son père, et que ma lettre y resterait ensevelie, comme celle que j'ai eu l'honneur d'écrire à *M. le baron Fourier*, en sa qualité de son secrétaire perpétuel.

Mais j'ai cru devoir en conserver la forme, parce qu'elle me force à une modération d'expressions que, malgré le poids des années, je craindrais de ne pas garder peut-être, dans de simples observations; alors, *par pari refertur*, je pourrais imiter dans le résumé de son rapport, *le savant Monsieur Damoiseau*, préludant en sa qualité d'astronome, *par l'annonce fastueuse de la marche fallacieuse de la comète de trois ans, trois* ( Annuaire de 1828, pages 205 et 206); *et loin de moi l'idée de récriminer, même avec quelque avantage*, au contraire; on le verra.

J'observerai cependant à ce savant qu'on m'a répété qu'il avait affirmé, dans son rapport, que mes citations *étaient fausses.*

S'il l'a dit, toujours plus modéré *dans l'expression*, je lui déclare *que cette affirmation est de sa part une erreur volontaire.* En citant, j'ai copié textuellement ; et ayant toujours nommé l'*auteur* et l'*ouvrage*, désigné l'*édition*, le *tome* et la *page*, il est aisé, à tous ceux qui savent lire, de décider auquel, de M. Damoi‾ seau ou de moi, doit s'appliquer *sa h... épithète.*

Je ne terminerai pas cette note sans citer une observation *aussi judicieuse que vraie,* du jeune et bien intéressant savant *M. Pouillet*, d'autant qu'elle s'applique ici évidemment, non pas au *rapporteur*, mais à *l'illustre Laplace*, dont le nom *plus que l'ouvrage* aura guidé le rappor- teur.

Je copie toujours *textuellement.*

Cours de physique (sténographié et imprimé) leçon 15, mercredi 15 juillet 1828, page 989.

« Newton, croyant pouvoir établir un prin- » cipe *fondamental*, avait commis *une erreur* » *grave qui, comme toutes les erreurs des grands* » *hommes* (1), a été sanctionnée par le temps, et » regardée comme une vérité incontestable, *ce* » *qui a cependant apporté long-temps un obstacle* » *au perfectionnement des lunettes.* »

(1) J'ai donc rendu un grand service à la science de l'astronomie, en découvrant l'erreur d'*enseignement pratique* de l'illustre Laplace, pour lui substituer sa *théorie par analogie;* les deux méthodes sont à lui : *l'emploi de la dernière est à moi.*

Cette citation s'applique, on ne peut plus évidemment, à tous les ouvrages d'astronomie, sans autre exception que ceux de *l'illustre cardinal de Polignac* ( 1 ), de Messieurs *Puissant* et *Francœur*, malgré qu'il y ait dans les trois ouvrages quelques légères erreurs, *et les mêmes*, dérivant aussi de *cet absurde système de Ptolémée*, que mon *opuscule* rejette, *en rendant clair ce qu'il rend obscur;* et que le savant rapporteur fait conserver à l'Académie en le *rejetant*, sans doute pour rendre cette science *étrangère aux profanes*, comme faisaient *les prêtres chaldéens et égyptiens.*

*M. Damoiseau* peut retarder la lumière que je répands sur cette science ; mais, quelque mal fait d'ailleurs que soit mon opuscule, son nom et le mien passeront à la postérité : lui par *son opposition* ; et moi, comme ayant établi *le premier* le vrais fondements de l'astronomie, de de la plus haute des sciences, *par les preuves de la mobilité de la terre :* plus elles sont simples, plus elles sont à la portée de tous ceux qui ne sont pas savants; *plus il est étonnant que*

(1) Quand j'ai donné le titre d'illustre au grand géomètre Laplace, j'ai dû le donner sous tous les rapports au savant astronome, au respectable auteur de l'*Anti-Lucrèce*, au *grand négociateur français, au vénérable cardinal de Polignac.*

*les savants ne les aient pas découvertes eux-*
*mêmes*, et qu'ils aillent chercher dans le ciel des
preuves matérielles qu'ils auraient dû trouver
dans leur chambre.

Mais leur simplicité ne serait-elle pas la
cause du rejet ?

J'initie par elles tous les hommes à la plus
haute des sciences, moi qui ne suis pas initié !

---

## EXPLICATION

*Sur l'épithète de* scientifiques *donnée à mes observations.*

Un auteur qui déclare qu'il n'est qu'*amateur*
des sciences et des arts, et particulièrement de
*l'astronomie physique*, peut-il qualifier ses observations de *scientifiques* ?

La solution de cette question sera la *consé-*
*quence* de la réponse aux deux questions sui-
vantes, que la première rend nécessaire.

1re *Question.* Qu'appelle-t-on un *savant ?*

*Réponse.* D'après tous les dictionnaires de notre
langue, *ouvrages des savants* « c'est un homme
qui a *beaucoup de science, qui sait beaucoup.* »

Les dictionnaires français et latins traduisent
le mot savant par ceux de *doctus, eruditus,*

*litteratus*, auxquels j'ajoute le superlatif *doctissimus*.

2°. Q. Que peut-on entendre par des *observations scientifiques ?*

R. On ne peut entendre que des observations relatives *aux hautes sciences;* telles en particulier que l'astronomie, et telles collectivement que la *physique, les mathématiques,* etc., etc.

D'après la solution de ces deux questions, celui qui n'a pas acquis assez de science pour être *doctus,* ce qui est bien éloigné de *doctior, doctissimus,* mais qui néanmoins sait faire usage de *sa raison,* et du raisonnement qui en est l'accessoire, *pour démontrer les erreurs qui le frappent dans les ouvrages des savants en astronomie et en physique,* si ses observations sont conformes à la vérité et à la raison, sans être *doctus,* elles sont *scientifiques,* puisqu'elles éclairent telle ou telle science, qu'*obscurcissent les erreurs du savant ou des savants.*

En outre, s'il fait des découvertes relatives aux hautes sciences, telles que s'il donne, le *premier,* les preuves certaines, incontestables du *mouvement de la terre,* que les savants ont regardé jusqu'à sa *découverte comme le système le plus probable, mais non prouvé;* non seulement ici ses observations sont *scientifiques,* mais ses *découvertes* le sont bien davantage;

puisque , *par elles* , le système du monde cesse d'être *une hypothèse* ou un *système*, qu'il devient un *fait certain, prouvé.*

Donc, sans être savant, l'on peut faire *le premier les découvertes* les plus utiles à une haute science , et auxquelles on ne peut refuser l'épithète de *scientifiques ;* et je les ai faites *ces découvertes* , quoique simple amateur de l'astronomie et de la physique.

De plus encore , s'il prouve que l'on enseigne l'astronomie élementaire *par les fausses et absurdes hypothèses de Ptolémée*, que par erreur, *par la force de l'habitude, sanctionnée par le temps,* et par les ouvrages *doctissimorum*, des plus savans astronomes, ce qui fait regarder *cette doctrine erronée* comme une vérité incontestable ( observation de M. Pouillet que j'applique à cette grande erreur ) ;

S'il prouve, ou plutôt s'il est constant qu'on n'emploie l'hypothèse , les suppositions qu'à défaut de faits positifs ; et que les phénomènes, les mouvements apparents des astres sont des faits positifs quoique illusoires (1) ;

_____

(1) Voici la preuve que *cette doctrine* est celle de *M. Laplace* et de *M. Delambre* ( *extrait textuel* de la lettre *de ce* dernier à M. le lieutenant-général *Allix ,* en date du 22 juin 1817 ).

S'il prouve que les apparences illusoires célestes sont les mêmes sur la terre quand on est transporté d'un lieu à un autre par une voiture quelconque, et que les apparences terrestres cessent quand la voiture s'arrête ; que par conséquent c'est le mouvement de la voiture qui produit les mouvements illusoires terrestres , aux yeux de ceux

« Il a trouvé (M. Laplace, dans l'ouvrage de M. le » lieutenant-général *Allix ,*) des assertions qui lui ont » paru peu d'accord avec *des faits bien connus.* Vous dé- » clarez que vous ne considérez *les phénomènes* que comme « une *espèce d'accessoires*, et M. Laplace pense que les » *phénomènes sont la chose la plus importante,* celle à » laquelle il faut satisfaire avant tout, celle enfin qui peut » donner les explications les plus complètes et les plus » sûres. »

Oui, *les phénomènes* sont des *faits* qui s'expliquent par *l'analogie*, et qui ne s'expliquent pas par *les absurdes hypothèses du système de Ptolémée.*

M. le lieutenant-général *Allix*, dans sa réponse à M. *Delambre,* me semble *avoir éludé* le reproche de M. *Laplace,* en regardant *le mouvement de la terre comme le plus important des phénomènes, cause occasionnelle de tous les autres.* (Chap. VII, page 92 de sa théorie).

Le mouvement de la terre *occasionne toutes les apparences, tous les phénomènes,* mais par là même il n'est pas *une apparence, un phénomène ;* et M. le lieutenant-général Allix *vient au fait, à la réalité, et laisse les phénomènes les apparences.*

qu'elle transporte ; qu'une même cause doit produire les mêmes mouvements apparents célestes; en nous faisant connaître *l'immobilité relative des uns* ( par rapport au système planétaire ), et *la mobilité réelle des autres*; et que cette cause, est le mouvement de la terre qui nous porte et transporte ;

S'il établit *la nouvelle méthode* qu'il propose, par analogie, *sur ces principes scientifiques*, cette nouvelle méthode est encore scientifique, fondée sur la raison et la vérité ; et ce, quoique l'auteur *ne soit pas un savant,* ne soit *qu'un simple amateur de l'astronomie* et de la *physique.*

Je crois avoir justifié, par cette explication, l'épithète de *scientifique* que je donne à mes observations, en prouvant qu'un homme qui n'est pas savant peut faire des *observations scientifiques, des découvertes scientifiques*, et *même un ouvrage scientifique.*

La lettre que m'a adressée *M. le baron Fourier,* secrétaire perpétuel de l'Académie royale des Sciences, et le rapport de *M. Damoiseau,* donneront une date authentique *à ma méthode proposée,* à *son rejet,* et *à mes découvertes :* elles serviront de leçon contre le despotime *des congrégations savantes.*

C'est surtout dans la république des lettres que devrait régner *la liberté ;* et nos académiciens devraient craindre davantage de devenir une *aristocratie,* où l'esprit brillerait, où l'éloquence se développerait; *mais où le génie serait étouffé sous l'éteignoir aristotélique ,* qui voudrait , par l'abus *d'un pouvoir usurpé ,* propager et maintenir *ses erreurs par l'habitude ,* et éloigner *l'éclectisme* (1), par *lequel seul* les sciences s'agrandissent.

(1) L'éclectisme par lequel seul, dit le *Journal des Débats* du samedi 26 septembre 1829 , *la science de gouverner se perfectionne.* Mais à l'opinion de ce journal , la sagesse joindra toujours la maxime trop méconnue de Louis XVIII : *Au désir de perfectionner, joignez aussi le danger d'innover.* Songer à une contre-révolution quelconque, c'est songer à l'innovation la plus dangereuse. *Rien ne rétrograde au passé , tout avance vers l'avenir; c'est la loi universelle.*

# OBSERVATIONS

## SCIENTIFIQUES.

~~~~~~~~~~~~~~~~~~~~~~~~~~~~~~~~~~~~~~~~~~~~~~~~~~~~~~~~~~~~~

### A L'ACADÉMIE ROYALE DES SCIENCES ,

BERNARD DE VINCENS.

MESSIEURS,

Simple amateur des sciences, et en particulier de l'astronomie et de la physique, proprement dite ; dédiant *à la jeunesse française* un ouvrage intitulé *Analyse des nouveaux éléments d'as-tronomie physique*, j'ai cru qu'il était dans les convenances que je le soumisse, par un hommage volontaire et absolument désintéressé,

Au ministre de l'instruction publique, alors M. *de Vatismenil,* dont j'aime à rappeler le nom ;

Au bureau des longitudes ;

A l'Académie Française ;

A l'Académie des Sciences ;

A la Société royale d'Encouragement ;

Et à tous les savants en particulier dont j'ai

cité *textuellement* les ouvrages ou les opinions *émises publiquement.*

En conséquence, Messieurs, j'ai eu l'honneur d'en adresser un exemplaire à chacun des corps savants que je viens de dénommer, et à chaque savant que j'ai cité dans mon ouvrage.

M. de Vatismenil, ministre de l'instruction publique, m'a honoré de cette lettre :

*Paris le 14 juillet 1829.*

« Monsieur, j'ai reçu, avec la lettre que vous
» m'avez fait l'honneur de m'écrire, l'ouvrage
» que vous venez de publier; je m'empresse de
» vous en adresser mes remercîmens; je lirai
» cet ouvrage avec beaucoup d'intérêt, aussitôt
» que mes occupations me le permettront, et je
» ne doute pas que cette lecture ne justifie la
» bonne opinion que j'en ai conçue.....

» Signé, *de Vatismenil.* »

Un ministre, dans le temps où nous sommes, ne répond pas ainsi sans avoir pris ou fait prendre une connaissance préliminaire de l'ouvrage adressé.

Mais de tous les savants, un seul, et le seul vivant que j'aie contredit nominativement, *M. Puissant*, digne successeur à l'Académie des Sciences, comme *géomètre* et *astronome*, de l'illustre Laplace, a été assez *grand* pour m'écrire la lettre que je vais transcrire :

*Paris, 6 juillet* 1829.

« Monsieur, je viens de recevoir, avant mon
« départ pour la campagne, l'exemplaire de vos
« *Nouveaux éléments d'astronomie physique,*
« que vous m'avez fait l'honneur de m'adresser;
« je vous prie d'en agréer mes remercîments bien
« sincères. Je lirai cet ouvrage avec tout l'intérêt
« qu'il inspire.....

« Signé, *L. Puissant.* »

J'espère qu'il me fera l'honneur de me faire connaître son jugement sur mon opuscule, avec la même franchise avec laquelle j'ai parlé de son ouvrage.

*M. Puissant,* dans sa septième édition du Traité de la sphère de Rivard, qu'il a considérablement augmenté, pages 35 et 40, a observé le premier *que le soleil ne pouvait décrire des cercles parallèles à l'équateur, mais seulement des spires d'une double spirale, allant d'orient en occident.*

J'ai saisi et profité de cette nouvelle lumière, rectifiant tous les traités d'astronomie, *faisant tous décrire par le soleil des cercles parallèles à l'équateur;* mais je l'ai contredit pour avoir ajouté : *Il ne peut étre* (le soleil) *qu'un instant*

sur *l'écliptique*, *parce qu'il avance continuelle-*
*ment vers l'orient par son mouvement propre.*
Le soleil, seul, ne peut avoir pour la terre de *mou-*
*vement propre;* si la terre est immobile, son
mouvement d'orient en occident *est réel, est son*
*mouvement propre;* si la terre est *mobile,* le soleil n'a point de *mouvement propre ;* il est immobile, relativement à tout le système planétaire.

Je soutiens *cette vérité,* contre *l'erreur de*
*toute l'Académie royale des Sciences,* rejetant
ma doctrine.

Je le répète, c'est le seul savant qui m'ait honoré d'une réponse, et je m'en réjouis : leur si-
lencieux orgueil ajoute à jamais à mon indépen-
dance : et ce silence, *sous cet orgueil affecté,*
démontre le plus souvent *l'impossibilité de ré-*
*pondre.*

Cependant le 27 juillet, *à six heures du*
*soir,* un exprès remit à la portière de la maison
où j'habite, une lettre de *M. le baron Fourier,*
secrétaire perpétuel de l'Académie royale des
Sciences. Elle me fut remise aussitôt, et en voilà
la copie littérale :

*Paris, ce 20 juillet 1829.*

« L'Académie, Monsieur, a reçu l'ouvrage
« que vous avez bien voulu lui adresser, et qui
« est intitulé : *Principes de nouveaux éléments*

« *d'astronomie physique.* J'ai l'honneur de vous
« adresser les remercîments de l'Académie. L'ou-
« vrage a été déposé dans la bibliothèque de
« l'Institut, et M. Damoiseau a été chargé d'en
« rendre compte verbal.

« Agréez, Monsieur, l'assurance de ma consi-
« dération distinguée,          baron *Fourier.* »

Flatté des termes de cette lettre, je ne fais pas
attention à la date, et je m'empresse d'écrire à
*M. Damoiseau* une lettre d'honnêteté, d'autant
qu'en 1778, 1779, 1780, j'avais eu l'honneur
de connaître un de ses parents, sous-lieutenant
dans Royal-Roussillon cavalerie, et que j'avais
été assez heureux pour rendre indirectement
quelque service à une dame de son nom, sans la
connaître et sans en être connu, étant à quarante
lieues l'un de l'autre; un vieillard aime tout ce
qui lui rappelle les noms des personnes qu'il a été
flatté d'avoir connues.

Mais quel fut mon étonnement de lire après
mon dîner, dans un café, et dans le *Journal des
Débats* du 31 juillet dernier :

*Académie des Sciences, séance du 27 juillet.*

« M. Damoiseau fait un rapport sur un ou-
« vrage intitulé: *Analyse de nouveaux éléments
« d'astronomie physique, dédiée à la jeunesse
« française.* Il pense que l'auteur n'a fait que
« rendre obscur ce qui est expliqué clairement

2.

« ailleurs (et dans quels ouvrages? citez-les,
« M. Damoiseau), et que son livre ne mérite
« nullement les suffrages de l'Académie. »

Quoi! me dis-je aussitôt, *le 27 juillet à six
heures du soir, je reçois des remercîments de
l'Académie,* et l'annonce du dépôt de mon ouvrage dans sa bibliothèque; et alors l'ouvrage
était rejeté!!!

Je retourne chez moi, je regarde la lettre, et
je vois qu'elle *est datée du 20 juillet.* Fatigué
d'un tel procédé, procédé outrageant, *une lettre
antidatée,* flatteuse, remise après le rejet!!!

Lettre provoquant de ma part une visite ou
une lettre au rapporteur! lettre que je ne dois pas
regretter d'avoir écrite; au contraire; mais que
je n'eusse pas écrite si j'eusse su le rapport fait.

Procédé *machiavélique,* et par conséquent
d'autant plus condamnable que MM. les académiciens n'ont pas été les derniers à blâmer le
machiavélisme des divers ministères et des auto-
rités. Alors c'est se blâmer soi-même.

*Inconséquence,* car on ne dépose pas un ouvrage dans sa bibliothèque, *quand on déclare
qu'il n'est pas digne de nous occuper.*

D'après ces réflexions, plus promptes que je
ne les écris, j'adressai à *M. Fourier,* en sa qualité de secrétaire perpétuel de l'Académie, la

lettre dont je vais donner copie, et je l'affran-
chis à 9 heures du soir, le même jour 31 juillet,
chez l'épicier chargé de la petite poste, à l'enco-
gnure des rues Saint-Louis et des Deux-Ponts,
dans l'île.

*Paris*, 31 *juillet* 1829.

« Monsieur le secrétaire de l'Académie royale
« des Sciences, votre lettre du 20 avril 1829,
« ne fut apportée par votre exprès au portier de
« la maison où j'habite que le 27 du même mois,
« à six heures du soir.

« Par cette lettre, Monsieur, vous m'annon-
« ciez que mon ouvrage intitulé : *Principes de*
« *nouveaux éléments d'astronomie physique*,
« était déposé à la bibliothèque de l'Institut, et
« vous ajoutiez que *M. Damoiseau* était chargé
« d'en faire un rapport verbal.

« Aussitôt, Monsieur, j'écrivis à *M. Damoi-*
« *seau*, et je lui adressai une lettre par exprès,
« avec un exemplaire de mon ouvrage pour sa
« bibliothèque. C'était une honnêteté de ma part,
« puisque l'Académie des Sciences l'avait trouvé
« digne de faire partie de sa bibliothèque.

« Je ne pense pas que cette bibliothèque, que
« je ne connais pas, *soit un réceptacle* sans con-
« naissance préalable de tout ce qu'on adresse à
« l'Académie.

« Certes, je ne pouvais penser qu'au moment

« où votre exprès, M. le secrétaire perpétuel,
« m'apportait votre lettre, un rapport, *contraire*
« *au dépôt flatteur de mon ouvrage dans la bi-*
« *bliothèque de l'Institut et à ses remercîments,*
« *était fait;* car on ne remercie pas, *après un tel*
« *rapport*, d'un ouvrage qui n'est pas digne de
« notre attention.

. « De pareils remercîments sont à la fois un
« outrage pour celui à qui on les fait, *quand il*
« *sait le sentir;* et une *inconséquence machiavé-*
« *lique* de la part du corps qui les fait faire.

« Je ne crains point *un jugement juste et sé-*
« *vère,* je l'ai sollicité, et je le sollicite toujours
« de tous. Je saurai y applaudir, *si ma raison,*
« *qui forme toujours mon jugement,* le trouve
« *équitable;* et si une erreur quelconque le dic-
« tait, je serais fondé, *par la nature de mes dé-*
« *couvertes,* à dire comme *Galilée : E pur si*
« *muove!* et *le premier,* je le prouve incontesta-
« blement.

« Le *Journal des Débats,* par lequel seul j'ai
« appris le rapport du savant et judicieux *M. Da-*
« *moiseau,* a tu mon nom. Cependant, *il le sait,*
« *puisqu'il est le seul journal que j'aie payé pour*
« *l'annoncer,* et je ne crains ni n'ai jamais craint
« d'être nommé; quand j'aurais fait un mauvais
« ouvrage d'astronomie, je n'en serais ni moins
« honnête homme ni moins bon citoyen.

« Mais sans doute le savant rapporteur aura
« fait connaître les obscurités de mon ouvrage,
« comme j'ai fait connaître une partie de celles
« de feu *M. Laplace*, et de ses erreurs dans son
« *Exposition du système du monde.* Je les ai
« clairement, très clairement démontrées.

    « Tout jugement quelconque doit être mo-
« tié, et dès que l'Académie a bien voulu se
« rendre juge de mon ouvrage, *par sa confiance*
« *en M. Damoiseau*, elle doit m'éclairer, et
« éclairer le public par son jugement (1); je me
« charge de le publier, en avouant sa justice ou
« en débattant ce que je croirai ses erreurs.

    « J'espère, M. le secrétaire perpétuel, que
« l'Académie accédera à la juste demande que je
« lui fais, surtout d'après l'exposé de la pré-
« sente..... *votre lettre du 20 juillet, envoyée*
« *par exprès, flatteuse après un jugement de*
« *rejet sans motif!!!*

    « J'ai l'honneur d'être avec respect, monsieur
« le secrétaire perpétuel.....

*De Vincens.* »

N'ayant reçu aucune réponse, et m'ayant été

---

(1) L'on m'a dit que le portier donnait la séance imprimée le jour qu'elle avait lieu : l'eussé-je su, je n'eusse pas
été la chercher : je ne demande à la porte que : *Le maître*
*y est-il?*

dit que je n'en recevrais aucune, que *c'était l'u-sage de l'Acàdémie*, et l'on me cita divers ou-vrages et divers auteurs.

Mais moi qu'aucune loi, aucune ambition, aucun intérêt, *que celui de la science qui m'oc-cupe*, n'asservit aux usages *blâmables* de l'Aca-démie; je repousse son procédé, contraire à *l'honnéteté* de l'hommage volontaire et désinté-ressé sous tous les rapports *que, seul,* j'ai entendu lui rendre.

Et je lui eusse adressé plus tôt ces observa-tions, Messieurs, sans deux circonstances.

La première, impérieuse pour ma délicatesse. J'appris la maladie de *madame Arago*, et comme je rappelle dans mes observations, des observa-tions faites par M. Arago, et rapportées fran-chement par le célèbre professeur, en commen-çant son cours tous les ans, depuis 1821 que je les ai suivis, jusques et y compris 1827, *dernier cours professé à l'Observatoire;* je n'ai pas voulu cher-cher à le distraire par des souvenirs si peu im-portants dans de si cruels moments; et cette même délicatesse a cru ne pas devoir chercher aussi à troubler le sentiment de sa juste douleur que soulagent les larmes.

La seconde circonstance a été le changement de ministère, et la nomination de M. le prince de Polignac au ministère des affaires étrangères.

Je ne pouvais m'attendre à la défaveur que le nom de l'illustre cardinal de ce nom porterait sur mon ouvrage, de la part surtout de ces journaux *qui veulent la charte et avec elle la vraie liberté :* par elle la nation doit nommer librement ses députés, et le roi ses ministres.

Je ne connais du nom de *Polignac* que cet illustre cardinal, né en 1661 et mort en 1741, 21 ans avant ma naissance.

Je le connais, comme l'intéressant journal *Figaro*, par l'histoire (1) ; mais bien plus encore

(1) Le journal intitulé *Figaro*, dans sa feuille du mardi 31 août dernier, a rapporté la belle réponse de *cet habile négociateur français* aux Hollandais, *lors du traité d'Utrecht ;* mais j'eusse désiré qu'il eût rappelé une réponse antécédente du même *négociateur,* qui donne une cause juste à la *hauteur de la réponse,* que le patriotisme du journaliste admire comme moi.

A *Gertruidemberg*, les Hollandais, enhardis par les malheurs des Français, chassèrent leurs plénipotentiaires de la Hollande. *M. l'abbé de Polignac,* qui était un des plénipotentiaires forcés de quitter la Hollande, leur répondit : *On voit bien que vous n'êtes pas habitués à vaincre.*

Au traité d'Utrecht, deux ans après, la chance avait changé. Les Hollandais, mécontents de ce que les Français et les Anglais traitaient chez eux secrètement, osèrent menacer les plénipotentiaires français de les chasser ; c'est alors que *le cardinal de Polignac* fit cette belle réponse, rapportée par son *Anti-Lucrèce*, et surtout par le 8e livre de ce poème : c'est sous ce seul rapport que je l'ai considéré dans mon travail ; *illustre*, comme savant ; *illustre*, comme *philosophe chrétien*, repoussant à la fois la *superstition* qui condamna *Galilée*; et *l'athéisme* et l'immoralité qui en est l'accessoire et que professe le poète romain.

Vieillard gémissant depuis 40 ans sur les divers partis qui divisent la France,

« J'ai vu des deux côtés la fourbe et la fureur ;
« Blâmant également leur réciproque erreur. »

par le journal *Figaro :* « Nous traiterons chez vous, de « vous et sans vous. »

Mais après avoir rédigé, comme *un des plénipotentiaires français,* le traité *qui excluait le prétendant du trône d'Angleterre ;* devant le chapeau de cardinal à son suffrage, *il s'abstint de mettre sa signature à ce traité;* signature inutile au traité, mais dont l'absence témoignait d'une manière délicate sa reconnaissance et sa douleur au prétendant.

Je ne connais *Jules de Polignac* que par les mêmes journaux, dont plusieurs exaltèrent dans le temps sa générosité envers son frère aîné, condamné à mort et marié. Je pense que celui qui a voulu faire le sacrifice de sa vie, à l'âge où l'on y est le plus attaché, *aura toujours les yeux et le cœur fixés sur la conduite immortelle de l'illustre cardinal* dont il porte le nom, parent de ses aïeux, je ne sais à quel degré.

Et toujours étranger à ces divers partis quelle que fût leur fortune, *Français* je me suis constamment borné à donner tour à tour, *aux Français divisés*,

Intérêt aux vaincus et ma haine aux vainqueurs.

Pas plus sous le roi que sous la république, ce n'est pas le chemin de la fortune ni des honneurs; mais c'est celui de l'honneur: je l'ai toujours suivi.

Le nom de *Polignac* honore mon ouvrage, que le rapport du savant *Damoiseau* fera passer à la postérité, en m'assimilant, *malgré lui*, par ma méthode, mes découvetes et leur rejet,

Aux *Philolaüs* et aux *Aristarque* enseignant le mouvement de la terre, repoussé *par l'illustre astronome Hyparque*, par le poète *Lucrèce*, et par l'astronome *Ptolémée*, dont le *système absurde* que je combats a pris le nom, quoiqu'il lui soit bien antérieur;

Il m'assimile encore aux justes craintes dans lesquelles mourut *Copernic*, sur le rétablissement qu'il enseignait par son ouvrage, *du mouvement réel de la terre*, oublié pendant 1600 ans.

Et il m'assimile bien plus encore à ce *Galilée, la gloire de l'Etrurie!* forcé par les *superstitions religieuse et savante*, *sanctionnées par l'habitude*, de rétracter *à genoux* le mouvement qu'il reconnaissait à la terre, et répétant en se relevant: *E pur si muove!* Et moi je m'écrie contre le rapport et le rejet de l'Académie des Sciences : *Cependant elle tourne, et le premier, j'en présente les preuves incontestables !* par elles, *le mouvement des astres cesse d'être un système.*

D'après cet exposé, Messieurs, voici mes observations contre un rapport qui, au fond, ne frappe que l'Académie, en paraissant me frapper directement.

Car mon ouvrage *n'est qu'un rassemblement de principes, de matériaux appartenant à Messieurs Laplace, Puissant, Francœur, Gay-Lussac, au bureau des longitudes*, et par conséquent *à l'Académie* qui les a adoptés, et *qui a cru les défendre par son rejet :* c'est une vérité que je vais clairement démontrer.

Le rapporteur, M. *Damoiseau*, a comparé mon ouvrage *aux traités d'astronomie connus.*

Mais je n'ai pas publié *un traité d'astronomie ;* j'ai publié les principes, *les matériaux* avec lesquels j'en ai fait un, mais qui n'est pas imprimé, et que par conséquent on ne connaît pas.

La comparaison ne peut se faire qu'avec *un analogue*, ou elle est erronée, ou elle n'en est pas une (1).

(1) Le *Journal des savants*, juillet 1829, page 445, m'a bien ompris :

C'est une vérité bien exprimée par *le Constitutionnel*, dans le journal du 13 septembre.

« Pour comparer la France et l'Angleterre, il
« faut le faire dans de mêmes circonstances, où,
« en effet, leurs situations et leurs besoins aient
« une véritable analogie. »

J'ai publié des principes extraits *fidèlement* des ouvrages des *académiciens*, de celui particulièrement cité de *M. Laplace* : j'ai rejeté sa pratique, basée sur le *système de Ptolémée*; et j'adopte *sa théorie*, basée sur *l'analogie la plus exacte.*

J'ai eu tort, je m'en amende; pag. 25 de mon ouvrage, je n'ai cité, *par note*, que la première phrase de cette partie de l'ouvrage de *M. Laplace*; si je l'eusse citée en entier, *M. Damoiseau* eût sans doute trouvé mon ouvrage moins obscur. Je vais réparer, quoique tardivement, mon omission.

« Exposition du système du monde, 4ᵉ édition,
« tome IIᵉ, livre II, chapitre Iᵉʳ, page 182.

« Entraînés par un mouvement commun à

« Le but de l'auteur est de montrer *qu'on a eu tort*
« *d'enseigner le système de Ptolémée avant le véritable*
« *système du monde*......... Du reste cet opuscule n'est
« que le précis, ou l'annonce d'un *ouvrage assez volumi-*
« *neux* qu'il se propose de publier sous le titre de *Nouveaux*
« *éléments d'astronomie physique.* »

« tout ce qui nous environne, nous ressemblons
« au navigateur que les vents emportent avec son
« vaisseau sur les mers.

« Il se croit immobile ; et le rivage et les mon-
« tagnes, et tous les objets placés hors du vaisseau
« [ comme les astres sont placés dans l'espace
« hors de la terre ] , lui paraissent se mou-
« voir (1).

« Mais en comparant l'étendue du rivage et
« des plaines , et la hauteur des montagnes, à la
« petitesse du vaisseau , il reconnaît que leur
« mouvement n'est qu'une apparence *produite*
« *par son mouvement réel.*

« Les astres nombreux répandus dans l'espace
« céleste sont à notre égard ce que le rivage et
« les montagnes sont par rapport au navigateur ,
« et *les mêmes raisons* par lesquelles il s'assure de
« la réalité de son mouvement nous *prouvent celui*
« *de la terre.*

« L'analogie vient à l'appui de ces preuves. »
Que contient mon opuscule ?

_____

(1) Ils n'ont de mouvement que quand le vaisseau vo-
gue ; donc, si la terre était *immobile* , les mouvements
apparents des astres *seraient réels ;* et si elle est *mobile , le
soleil ni le ciel n'ont pas de mouvement propre.* Donc, le
système de Ptolémée est *en contradiction avec l'analogie,
avec le mouvement réel des astres ;* donc , *il ne peut en être
le rudiment.*

Le développement de tous les mouvements apparents terrestres, *même des objets qui ont un mouvement propre, afin de les comparer aux mouvements des astres qui ont aussi un mouvement propre.*

Ce développement, cette comparaison pourrait être mieux faite : mais personne autre ne l'a faite encore, et *par conséquent personne n'a fait mieux.*

Je défie *toute l'Académie* de me prouver le contraire.

Donc, mon ouvrage sous ce rapport n'a pu être comparé, *n'ayant pas encore d'analogue.*

M. Laplace présente *une théorie par analogie,* succinctement et sous un seul rapport ; *mais il ne l'a pas employée,* il n'a mis en *pratique* que le *système de Ptolémée,* qui est *absolument contradictoire en principe et en faits avec l'analogie et le mouvement réel des astres.*

### Principe par l'analogie.

Si la terre était immobile, elle serait comme le vaisseau dans le port. Les voyant de sa surface, tous les astres auraient un mouvement réel et non apparent, comme tout ce que l'on voit en mouvement sur le rivage quand on est sur le vaisseau en repos.

Si la terre est *mobile*; de même que placés sur le vaisseau en mouvement, tout *ce qui est immo. bile dans l'espace, relativement à la terre*, prend son mouvement et sa vitesse, mais en paraissant aller à son opposé; et les objets mobiles et ayant moins de vitesse, ne prennent de son mouvement, que celui qui leur manque pour aller aussi vite, et à son opposé; aussi, plus ils ont de vitesse, plus lentement ils paraissent la fuir, comme le vaisseau qu'un autre vaisseau qui a plus de vitesse laisse en arrière; celui qui en a le moins paraît le fuir, quoique son mouvement ait la même direction.

Voilà l'effet du mouvement de la terre sur les astres.

### *Principe du système de Ptolémée.*

La terre est *réellement immobile*, et tous les astres n'ont qu'*un mouvement apparent*, excepté les étoiles fixes qui entraînent les planètes et le soleil d'orient en occident, à l'opposé de leur mouvement propre qui est d'occident en orient.

Comment, avec cette *absurde doctrine*, peut-on conduire l'élève au mouvement de la terre et des astres ?

La force de *l'habitude, sanctionnée par le temps*, est telle, qu'un de nos plus célèbres astronomes, *l'illustre Laplace*, démontre *la vérité de l'enseignement par l'analogie*, et n'enseigne en *pratique* que *le système absurde de Ptolémée, qui en est l'opposé.*

Malgré *M. Damoiseau*, je suis *le premier* qui ait attaqué *l'absurdité* de cet enseignement, *et malgré son opposition, il tombera tôt ou tard sous les coups redoublés de mes observations.*

### Erreur de M. Francœur et du cardinal de Polignac.

Cet *absurde système de Ptolémée*, que la raison fait rejeter à *M. Francœur* et à *l'illustre cardinal de Polignac*, leur a fait cependant commettre à tous deux quelques erreurs, et les mêmes.

Je commence par celles de *M. Francœur*, bien moins *positives* que celles du cardinal, puisqu'elles ne sont que *des erreurs de mots*, qui laissent incertain le lecteur ; surtout, *ces erreurs de mots* étant dans le premier article de son ouvrage, *in principio:* le voici.

*Uranographie, article* I^er : « Il est naturel à « l'homme de se laisser séduire *par les apparen-* « *ces*; il regarda long-temps la terre comme à « peu près *plane*, et située au milieu de *l'univers;* « *le soleil, la lune* et *tous les autres astres* « semblaient [et semblent toujours] *en mouve-*

3

« *ment autour d'elle.* Tout évidente que cette
« *opinion* paraisse, faisons voir, *par l'observation*
« *raisonnée des faits,* que ce *système* n'est qu'une
« *hypothèse erronée.* »

Les apparences sont des *faits,* des *phénomènes*
illusoires, et non faux. *L'observation raisonnée*
démontre leurs illusions ; ce que fait *M. Fran-*
*cœur* dans tout l'ouvrage.

Mais ces faits ne sont ni *opinions,* ni *système,*
ni *hypothèses :* on les voit, *ils ne sont donc pas*
*des suppositions.* Ce maudit *système de Ptolémée*
a provoqué ces mots : c'est lui qui a des *opinions*
*fausses,* un *système absurde, une accumulation*
*d'hypothèses erronées.*

Mais les *apparences* sont des *faits illusoires ;*
l'analogie, par laquelle *M. Francœur* démontre
*leurs illusions,* est dans *des faits réels* qui n'ad-
mettent ni le *système,* ni l'*hypothèse :* par l'analogie on compare ces illusions, et on ne les suppose
pas. C'est la marche de la raison ; c'est celle de l'auteur : dans tout son ouvrage, *il raisonne les faits*
*apparents, et les convertit en réels.*

*Théorie du cardinal de Polignac, terminée par*
*une légère erreur, mais positive.*

« Copernic ne put adopter l'arrangement des
« corps célestes *du système de Ptolémée.* Malgré

« le préjugé et l'empire que cette opinion exerce
« de tout temps chez les hommes, il la proscrivit
« sans balancer ( ce qu'auraient dû faire les
« savants, ce que je fais le premier sans être
« savant).

« Heureux novateur, il osa renverser l'ordre
« établi depuis tant de siècles, et replacer l'astre
« du jour au centre de l'univers. La terre fut
« remise au rang des planètes; la lune en devint
« le satellite.

« Sujet aux mêmes lois que les autres, notre
« globe tourne en même temps autour du soleil
« et sur son axe; cette double révolution se
« dirige vers l'orient, et le ciel des étoiles est
« immobile.

« Dans ce système *il est aisé de voir pourquoi*
« *nous sommes trompés par des apparences qui*
« *nous font croire en mouvement un corps qui*
« *ne se déplace jamais* (relativement à nous), *et*
« *regarder comme en repos un corps mû sans*
« *interruption.*

« Qu'un pilote mette à la voile : les villages
« s'éloignent, les villes disparaissent à ses yeux.
« Ne s'apercevant pas que c'est lui-même qui
« avance, il croit que tout se meut autour de lui.

« Le navire voisin, quoique retenu par l'an-
« cre, lui paraît voguer *avec rapidité. La même*
« *illusion nous rend insensible le mouvement de*

3.

« *la terre* ..... » (Cette doctrine par analogie était
« antérieure de près d'un siècle à celle de l'illus-
« tre Laplace. )...... » Copernic résout avec une
« clarté merveilleuse des difficultés sans nombre,
« que *Ptolémée* ne peut lever; l'astronome grec
« est forcé d'ajouter de nouvelles causes, *presque*
« *toujours contraires les unes aux autres.*

« Dans son *hypothèse* rien n'est clair, rien
« n'est simple, *rien ne s'accorde avec les lois et*
« *les principes de la mécanique.* Il ne prouve rien
« de ce qu'il avance ; en un mot, ce n'est pas le
« mouvement des astres, ce n'est ni leur ordre,
« ni leur situation réelle qu'il nous expose, *il*
« *se borne aux seules apparences , aux seuls*
« *dehors.* »

Ce dernier membre de phrase est contradictoire avec tout ce qu'il vient de dire auparavant :

Car si le *système de Ptolémée* se bornait *aux*
*apparences, aux seuls dehors,* aux *phénomènes*
en un mot, qui sont des *faits* quoiqu'*illusoires ,*
*il ne ferait pas d'hypothèses;* il *ne supposerait*
*rien :* on voit les *phénomènes*, on ne les suppose
pas, *on ne suppose que ce que l'on ne voit pas :*
les *suppositions,* les *hypothèses,* ne sont que
des *soupçons,* des *présomptions* plus ou moins
évidentes ; et les faits sont *réels.*

L'on voit que le *système absurde de Ptolémée*
trompe même ceux qui le repoussent, *qu'il faut*

*absolument le bannir de sa mémoire dans l'ensei-*
*gnement.*

C'est moi *le premier* qui l'ai dit, et qui l'ai
prouvé : et j'ai dû choisir, pour prouver ce vice,
*l'ouvrage le plus célèbre en astronomie, parmi*
*tous ceux qui en étaient entachés : j'ai donc*
*choisi l'ouvrage de M. Laplace.*

Si les grands hommes *perpétuent les erreurs*
qu'ils professent, c'est donc dans leurs propres
ouvrages qu'il faut les attaquer, et non dans ceux
qui les copient.

*Observations adressées tous les ans à M. Arago,*
*aussitôt son cours annoncé.*

De même que j'ai dû citer l'ouvrage de *M. La-*
*place,* comme le plus savant, d'après l'aveu
écrit de tous les astronomes ses contemporains,
pour prouver le vice de tous les éléments d'astronomie commençant par enseigner l'absurde *sys-*
*tème de Ptolémée;*

De même je dois aussi citer la noble franchise
de *M. Arago,* commençant tous les ans son
cours depuis 1821, jusques et compris 1827, en
disant : *qu'il avait reçu plusieurs lettres où on lui*
*observait qu'on le comprenait difficilement;* il en
attribuait la cause à *l'astronomie mathématique*
*qui faisait sa principale occupation,* et il invitait

ses auditeurs à lui faire connaître par écrit *ce qu'ils ne comprendraient pas, afin qu'il se rendît plus intelligible à une autre séance.*

C'est sur cette invitation que les deux dernières années 1826 et 1827, je me suis permis de lui adresser *succinctement* une partie de mes observations contre le *système de Ptolémée et le mouvement* dit *propre du soleil, etc.*

Si ce savant et éloquent professeur, et ses dignes émules dans nos établissements royaux, ne sont pas compris de leurs auditeurs *par l'habitude d'enseigner le système de Ptolémée* comme élément, *comme mouvement apparent,* ce qui n'est pas; comment sont donc compris ces professeurs particuliers, se disant *aussi astronomes,* et répondant aux observations qu'on leur fait contre cette méthode :

*Avez-vous entendu M. Arago? avez-vous lu le Système du monde par M. Laplace, l'Astronomie physique de M. Biot* ( *M. Biot* a trop de modestie dans son titre)?

Oui, j'ai entendu et bien compris *M. Arago;* c'est à son cours que je dois les connaissances que j'ai acquises dans cette science; oui, j'ai lu les ouvrages cités *de M. Laplace et de M. Biot;* mais j'ai entendu et lu, *non pas en pie,* mais en homme qui se sert de sa propre raison pour juger ce qu'il entend et ce qu'il lit ; et je crois en cela

l'hommage que je rends à ces savants plus flatteur que le vôtre, malgré mes observations; je
vois le plus souvent *les flatteurs crier contre la
flatterie, les routiniers contre la routine, les
despotes contre le despotisme, et les hommes les
plus faux contre le machiavélisme.*

### Deuxième observation.

J'ai dit, pages 49, 5o et 51 de mon ouvrage,
que M. Laplace *faisait aller le soleil d'un tropique à l'autre, par des cercles parallèles à l'é-
quateur.*

J'ai ajouté que, sans appliquer comme moi
son observation à M. Laplace, M. Puissant *a déclaré que cette manière de s'exprimer était
inexacte.* Et, en effet, il faudrait que le soleil
*sautât* d'un cercle parallèle à l'autre, pour se
transporter constamment tour à tour d'un tropique à l'autre; *qu'il ne pouvait le faire que par
les spires d'une double spirale.*

J'ai donné plus de développement à l'observation de M. Puissant, et j'ai prouvé et je prouve
clairement que les hypothèses de ce système sont
étrangères *aux apparences du mouvement des
astres et à leur réalité, que fait connaître et prouve
la seule analogie.*

### Troisième observation.

J'ai dit *le premier*, page 51 de mon ouvrage, *rejeté par l'Académie*, que la terre *décrivait l'écliptique par une spirale sans fin.*

Je voudrais bien qu'il se trouvât un savant qui, me contredisant *ouvertement* comme je le fais à leur égard, *m'apprît comment l'équateur de la terre faisant angle de 23° ½ avec l'écliptique, son orbite, elle pourrait le parcourir, en tournant sur elle-même, autrement que par les spires d'une spirale sans fin.* On trouvera les preuves de cette vérité dans la cinquième observation.

### Quatrième observation.

Le premier sur la terre, dans presque tous les chapitres de mon ouvrage, *j'ai multiplié les preuves certaines, incontestables de la mobilité de la terre;* j'ai fait par là de l'astronomie (quant aux mouvements réels des astres) *une science positive, cessant d'être systématique.*

J'ai d'abord rappelé *l'aberration des étoiles fixes,* que je regarde comme une preuve indubitable du mouvement de la terre.

Mais cette preuve est contestée par les savants

qui regardent toujours *le mouvement de la terre comme le plus probable, mais non prouvé.*

Alors, *le premier*, je multiplie les preuves incontestables de ce fait, et mes preuves sont à la portée de tous.

En voici une nouvelle, et bien simple, que je place dans le cabinet même de l'astronome.

Je suppose un astronome dans son cabinet, occupé à travailler, étant sur son fauteuil, près de sa table.

Je le suppose père. Ses quatre enfants entrent, il suspend son travail pour les embrasser.

Les enfants lui disent : *Nous allons jouer aux planètes ; tu seras le soleil, le portrait de maman qui est derrière toi, contre le mur, sera notre étoile. Nous allons tourner autour de toi, en partant de ton fauteuil et du portrait de maman.*

Figurons sur le papier le carré du salon, la table et la position du père A ;

La position du portrait de la mère B ;

Les quatre enfants par 1, 2, 3, 4, et l'orbite que chaque enfant parcourt par une ligne terminée par le chiffre de chacun des enfants qui commence leur orbite.

L'on voit que le n° 1, revenu en A, ne peut rattraper 4 qui va le moins vite, et qui a le plus grand orbite à parcourir, sans avoir repassé entre A et B.

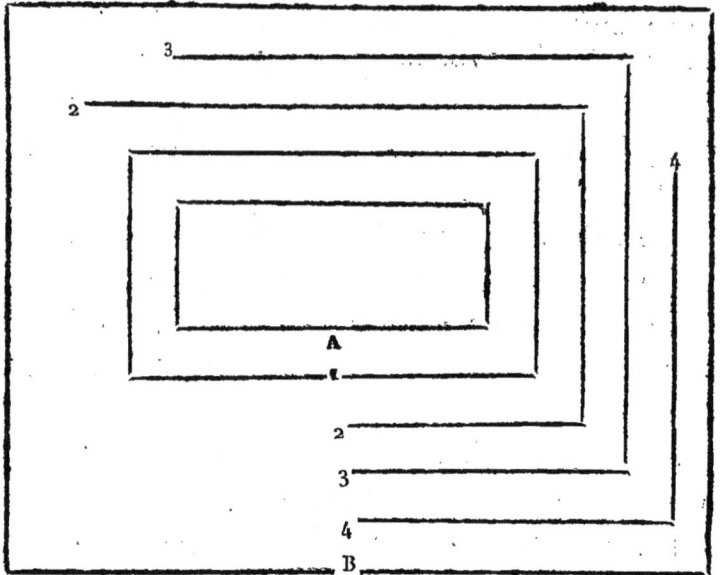

La table et le père A figurent évidemment le *soleil,* autour duquel tournent, avec des vitesses inégales, les quatre enfants, figurant chacun une planète, dont celle qui a plus de vitesse, *Mercure,* qui tourne en trois mois autour du soleil, en met plus de quatre pour rattraper la terre, et plus de cinq pour rattraper *Vénus,* qui va plus vite que la terre.

Voilà le mouvement annuel de la terre autour du soleil et du ciel, avec cette différence *que la précession des équinoxes* lui fait achever sa révolution autour du soleil, 20 minutes de temps et 20 secondes de degré avant de l'achever autour du ciel, avant que la terre ait achevé son entière

circonférence autour du soleil, comme elle l'a-
chève autour de l'étoile.

La précession des équinoxes est la diminution
de l'obliquité de l'écliptique avec l'équateur de
la terre; l'angle devient plus aigu, ses extrémités se
rapprochent *d'une demi-seconde de degré*, ou
du centième de la précession, qui est de 5o″ de
degré. Si l'équateur de la terre était joint à l'é-
cliptique, la terre décrivant un cercle sans obliquité, ferait sa révolution annuelle avec le soleil
et l'étoile, en même temps, comme la font les
enfants en tournant autour du père, partant entre
lui et le portrait de leur mère.

Si la terre était immobile, ce serait autour
d'elle, et non autour du soleil, que tous les astres
achèveraient d'abord leur révolution, comme les
enfants autour du père assis dans son fauteuil.

Cette preuve est plus sensible que celle de
*l'aberration des étoiles*, et par conséquent plus
démonstrative et incontestable; *plus elle est simple, plus je m'enorgueillis d'être le premier qui
l'ait conçue, inventée; cependant elle* ne démontre
que la mobilité de la terre, et non son obliquité,
ni la nature de son mouvement; *elle se meut,
parce que si elle était immobile, c'est autour
d'elle que les astres acheveraient d'abord leur
révolution.* Cette preuve, toute simple qu'elle
est, *est physique et mathématique.*

## Cinquième observation.

J'ai dit le premier, pages 53 et 54 de mon opuscule, que *la terre, par la précession des équinoxes, décrivait en 26,000 ans une spire de la grande spirale rétrograde qui tendait à réunir sur le même cercle l'écliptique et l'équateur de la terre.*

Je voudrais bien, comme je l'ai dit dans ma troisième observation, relativement au mouvement annuel de la terre, que les savants m'apprissent *comment l'écliptique et l'équateur, se rapprochant tous les ans d'une demi-seconde, centième de la précession de 50″, rendant chaque année leur angle plus aigu de ces 50″* (ouverture de l'angle dont la demi-seconde est le sommet), *la terre pourrait décrire cette circonférence avec diminution constante d'obliquité, autrement que par une spire de la spirale qui tend à réunir les deux cercles.*

Rappelons que la terre a deux mouvements opposés, tous deux en spirale, et tous deux *par une double spirale,* si, comme l'a dit *M. Francœur,* page 156 de son *Uranographie,* art. 110, *l'équateur de la terre, après s'être long-temps rapproché de l'écliptique, la diminution de son obliquité cessait, et que l'inclinaison commençât à croître.*

Le premier de ces mouvements est celui par lequel la terre, au moyen de 365 spires, descend et remonte le cercle oblique de l'écliptique, son équateur faisant angle avec lui de 23° $\frac{1}{2}$.

Le second, en sens absolument opposé au premier, est opéré *par la précession de l'équinoxe du printemps*, mouvement périodique annuellement, rétrograde *avec changement de position, relativement au zodiaque et au soleil*, et tendant à réunir les deux cercles *par la diminution de leur obliquité*, à chaque changement annuel de position.

Je vais prouver la réalité *de ces deux spirales* opposées par une *digression explicative* d'une observation de M. Laplace *sur une erreur de Copernic*, et je la prouverai encore par les observations de *M. Laplace*, et celles plus positives de *M. Francœur* sur les effets présents et à venir de la précession des équinoxes.

« *Exposition du système du monde*, 4e édit. « in-8°, tom. Ier, liv. III, chap. 5, page 311.

« L'axe de la terre reste toujours à *très peu* « *près* parallèle à lui-même, dans sa révolution « autour du soleil, *sans qu'il soit nécessaire de* « *supposer avec Copernic un mouvement annuel* « *des pôles de la terre autour de ceux du plan* « *de son orbite.* »

M. Laplace dit *qu'il n'est pas nécessaire de*

*supposer que les pôles de la terre tournent an-
nuellement autour de ceux de l'écliptique.*

Et moi je dis que M. Laplace entendant par
ces mots, *pôles de la terre*, ce que les anciens appelaient *le pôle du monde*, il est impossible qu'ils
tournent autour de ceux de l'écliptique, et *que
ce qui est physiquement impossible* ne *peut être
supposé nécessaire :* donc cette supposition *est
une erreur de Copernic.* Je prouve :

*Première question.* Qu'est-ce que l'écliptique?

*Réponse.* C'est la route circulaire que la terre
parcourt annuellement autour du soleil; elle est
appelée *écliptique*, parce que quand la lune coupe
cette ligne, elle se trouve entre la terre et le
soleil, ou mettant la terre entre elle et le soleil,
il y a éclipse de soleil dans le premier cas, et de
*lune* dans l'autre; elle est parallèle à la ligne
supposée partager le *zodiaque* dans toute son
étendue.

*Deuxième question.* Qu'appelle-t-on les pôles
de la terre?

*Réponse.* Les extrémités de son axe de rotation, et encore la prolongation *fictive* de cet axe
jusqu'aux étoiles fixes, où il paraît être *celui du
monde.*

*Troisième question.* Qu'appelle-t-on les pôles
de l'écliptique?

*Réponse.* Les extrémités de l'axe *fictif* traver-

sant perpendiculairement le plan *fictif* de l'écliptique, et se prolongeant par la pensée jusqu'aux
étoiles fixes qui déterminent sa position dans les
deux parties du ciel diamétralement opposées, à
23° ½ de distance des pôles du monde. Ces derniers, seuls remarquables par l'effet produit par
la rotation de la terre, faisant tourner toutes les
étoiles en masse autour du centre invisible de
cet immense mouvement, cru *réel* si long-temps,
et qui le serait si la terre ne tournait pas.

*Quatrième question.* Comment la terre peut-
elle parcourir la circonférence de l'écliptique,
*sans que son axe de rotation tourne autour de
l'axe fictif de l'écliptique, et par conséquent
sans que ses pôles tournent autour des pôles fic-
tifs de cet axe fictif?*

*Réponse.* L'axe de la terre est incliné sur celui
de l'écliptique de 23° ½; il est réel, car la terre
est réelle ainsi que son mouvement, *je l'ai prouvé;*
et le mouvement de ses pôles, dans le ciel,
opère *réellement* le phénomène journalier du
mouvement du ciel. Mais les pôles de l'écliptique
sont absolument supposés comme son plan. On
les a déterminés dans le ciel par l'*observation*, la
*géométrie* et le *calcul.* (Voilà l'astronomie savante, mathématique, que je conçois, que j'admire, et à laquelle mes connaissances et la nature
de mon travail m'arrêtent.)

Ce sont ces pôles de la terre, extrémités de
son axe prolongé *fictivement*, pôles que l'on
peut regarder *comme réels*, puisque le mouvement diurne du ciel *les détermine très positivement*, dont M. *Laplace a entendu parler* dans
le passage cité, sujet de cette importante digression, en observant *qu'il n'était pas nécessaire
qu'ils tournassent autour des pôles de l'écliptique.*

J'observe constamment que M. *Laplace a
écrit pour les savants, que son style laconique
et plein de mots sous-entendus est compris des
savants.*

Mais moi, j'écris pour ceux qui veulent apprendre, et *encore pour justifier ce que j'ai écrit
et ce que j'écris comme simple amateur de l'astronomie.* Je dois donc chercher à me faire com-
prendre, sans craindre d'être prolixe.

Les anciens avaient adopté aveuglément le
*système absurde de Ptolémée.* Ce système donnant une *immobilité absolue à la terre*, ils ne
pouvaient lui supposer *ni axe de rotation, ni les
pôles qui en sont les accessoires, ni à plus forte
raison la prolongation de son axe, et la déter-
mination de son pôle dans le ciel.*

Ils ne connaissaient qu'un pôle; ils l'appelaient
*le pôle du monde ou de l'univers,* et ils croyaient
que ce pôle était l'*étoile* qui en était la plus près,

celle que nous appelons *polaire*, mais qui, par le mouvement apparent du ciel, n'est plus la même aujourd'hui. Voici comment ils s'expliquaient :

*Est verò stella quædam, in eodem consistens loco, quæ quidem polus est mundi.*

Les astronomes actuels appellent indistinctement *pôles du monde* ou *pôles de la terre*, les extrémités de l'axe de la terre, prolongé *fictivement* jusqu'aux étoiles fixes. C'est par leur incalculable éloignement que, par l'illusion du mouvement diurne du ciel, le mouvement du pôle de la terre dans le ciel forme un point fixe, quoique les pôles de la terre parcourent annuellement une circonférence moyenne de 34,500,000 lieues de rayon, et de 69 millions de lieues de diamètre : l'étendue de cette circonférence est invariable dans le ciel.

Cette première explication était nécessaire pour connaître la position relative des pôles de la terre avec ceux de l'écliptique. Venons à la question :

*Les pôles célestes de la terre peuvent-ils tourner tous les ans autour des pôles célestes de l'écliptique?*

Le mouvement du ciel et du soleil est l'image, *en sens opposé*, du mouvement réel de la terre.

Le pôle nord du monde ou de la terre est placé dans le ciel, près la dernière étoile de la queue de la petite ourse.

4

Le pôle nord de l'écliptique est placé dans le ciel, entre le second et le troisième nœud du dragon, plus près du troisième.

Le seul mouvement apparent du pôle de l'écliptique est celui des étoiles près desquelles on le place : c'est celui du ciel; il tourne tous les jours autour du pôle du monde ou de la terre ; mais c'est une pure illusion, due à la rotation de la terre.

Le pôle de la terre ne présente et ne peut présenter aucun mouvement annuel. Nous avons déjà dit que la terre avait *deux mouvements* absolument opposés.

Par le premier, qu'il est important *et de bien préciser, et de bien démontrer*, la terre parcourt *obliquement* l'écliptique.

Cette obliquité fait croiser dans l'espace, infiniment plus près de la terre que du ciel, *leurs deux axes prolongés fictivement*, faisant angle entre eux de 23° $\frac{1}{2}$, comme fait de même l'équateur avec l'écliptique. Dès l'instant que les deux axes obliques l'un à l'autre se croisent par leur prolongation (observez bien ceci, lecteurs), il y a changement d'effet en apparence, *comme il serait en réalité, si l'axe de la terre pouvait laisser passer l'axe supposé réel de l'écliptique.*

Une figure et son explication vont démontrer ce que j'avance ;

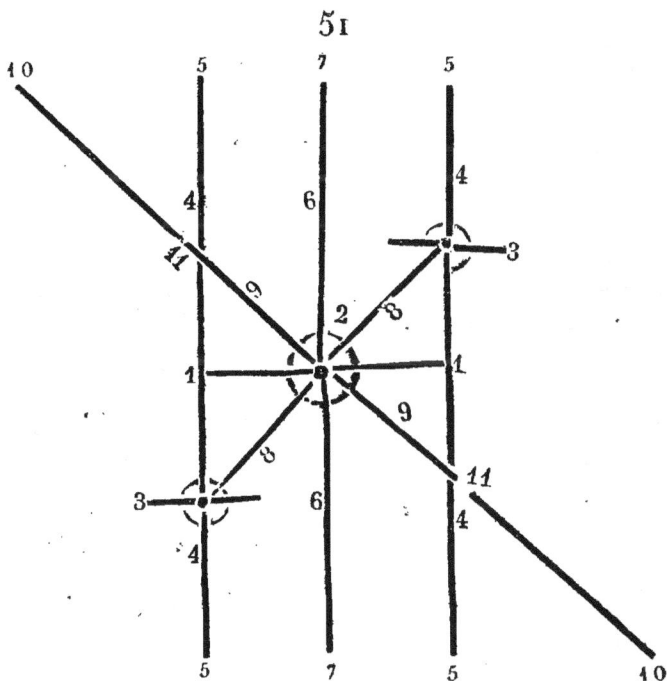

1 et 1, équateur du monde, extension du plan de l'équateur de la terre, immobile dans le ciel par son incalculable éloignement.

2, soleil au centre de l'équateur du monde, et du plan de l'écliptique.

3 et 3, position de la terre à l'un et l'autre solstice, voyant le soleil au point opposé où elle est, et partagé par son équateur, toujours paral-lèle à l'équateur du monde, comme son axe le serait à l'axe du monde, si on l'en supposait séparé.

4, 4, 4 et 4, axe de la terre qui, prolongé, devient celui du monde figuré 6 et 6, comme traversant le soleil, quoiqu'il ne soit que la pro-

4.

longation de celui de la terre, et par conséquent éloigné du soleil de 34,500,000 lieues.

5, 5, 5 et 5, pôles de la terre, paraissant les pôles de l'axe du monde, quand il est supposé prolongé jusqu'aux étoiles fixes 7 et 7.

6 et 6, axe du monde, par la prolongation supposée de l'axe de la terre dans l'espace, arrêté et connu par le mouvement apparent et diurne des étoiles fixes, tournant autour de lui, ou plutôt *de ses pôles*, puisqu'il ne peut se prolonger plus loin.

7 et 7, pôles du monde, ou pôles de la terre réunis en un point insensible, à cause de leur grand éloignement.

8 et 8, écliptique coupant obliquement l'équateur du monde ou de la terre, en faisant angle de 23° ½ avec lui.

9 et 9, axe de l'écliptique, faisant également angle de 23° ½ avec l'axe du monde ou de la terre.

10 et 10, pôles de l'écliptique *fixés* par les astronomes dans le ciel.

11 et 11, point d'intersection de l'axe de l'écliptique avec celui de la terre prolongé par l'effet de son obliquité.

### Observation neuve et concluante.

Ici l'effet change absolument. Le pôle de la terre ou son axe, avant l'intersection des deux

axes, tournait autour de celui de l'écliptique ;
mais depuis l'intersection, par son prolongement, il est sorti de la circonférence que décrit
l'axe de la terre et ses pôles ; c'est lui qui paraît
tourner autour des pôles de la terre, *et qui y tour-
nerait réellement, si elle était centrale et immobile.*

Je crois avoir prouvé, *relativement à ce premier mouvement de la terre :*

1° Non seulement qu'*il n'est pas nécessaire
de supposer que les pôles de la terre tournent
autour de ceux de l'écliptique,* comme le dit
M. Laplace ; mais que l'effet *étant impossible*
si les deux pôles étaient réels, il était *insuppo-
sable fictivement,* car pourquoi supposer ce qui
ne peut être ?

2° J'ai prouvé que l'équateur de la terre et
son axe étant obliques à l'écliptique et à son axe,
*la terre ne pourrait descendre et remonter ce
cercle que par les spires d'une double spirale.*

Tel, j'enfonce un tire-bouchon dans le bou-
chon d'une bouteille, et tel je l'en retire si je
ne veux pas la déboucher, avec cette différence
que je l'en retire en sens opposé à celui où je l'ai
fait descendre, et que la terre descend et remonte l'écliptique dans le même sens.

Passons au second mouvement de la terre.

Par son second mouvement, en sens absolument opposé au premier, la terre rétrograde,

dit M. Francœur, page 151 de son *Uranographie*, et art. 106.

« La terre rétrograde par la précession de
« 50″ par an, 1° 23′ ½ par siècle, 1° tous les 72
« ans environ, d'un signe ou 30° en 2156 ans,
« et le point équinoxial aura parcouru à l'in-
« verse des signes l'écliptique entière en 25,868
« ans. »

Page 157, art. 111 : « L'obliquité de l'éclip-
« tique décrit environ le *centième de la pré-
« cession* ou ½″. »

Donc si l'écliptique se rapproche de l'équateur
d'un *centième de la précession* ou mouvement
rétrograde, dans près de 26,000 ans, où la terre
aura fait un tour rétrograde, elle se sera rapprochée de 3° ½, centième environ de la rétrogradation de 360°.

Donc, dans 26,000 ans, l'écliptique et l'équateur ne feront plus qu'un angle de 20° au lieu
de 23° ½ qu'est l'ouverture de leur angle en ce
moment.

Donc, par la diminution de l'obliquité de l'é-
cliptique dans les mêmes proportions, comme je
l'ai dit page 54 de mon ouvrage, *par huit contours de spirale, dans 200,000 ans, l'écliptique
et l'équateur seraient réunis.*

Mais si la terre met un terme *à la déclinaison
de son obliquité,* et si elle commence un jour *à*

croître son inclinaison, comme l'annonce *M. Laplace*, et plus *positivement* encore *M. Francœur*, alors la terre agrandira l'angle d'inclinaison par une double spirale opposée à celle qu'elle décrit par son mouvement diurne.

Mais, pour preuve, écoutez *M. Laplace*, et ensuite *M. Francœur*.

*Exposition du système du monde*, 4ᵉ édition in-8°, tome V, liv. II, chap. 2, pages 28 et 29.

« L'écliptique ne coïncidera jamais avec l'é-
« quateur, et l'étendue entière des variations de
« son inclinaison ne peut pas excéder 3°. »

Pourquoi ?

*Uranographie*, page 156, art. 110.

« Le calcul démontre que la diminution d'o-
« bliquité ne se perpétuera pas éternellement
« (non : *nunquam in eodem statu permanet;*
« mais comment le calcul le démontrerait-il ?
« voilà un mystère mathématique), et qu'elle
« cessera en s'affaiblissant de plus en plus, à me-
« sure qu'on approchera de ce terme éloigné de
« station, *après quoi l'inclinaison commencera*
« *à croître.* »

Alors voilà bien une double spirale *ascendante et descendante*.

Je partage l'opinion hypothétique de *M. Francœur*, et j'ose même en émettre *une cause hypothétique* qui m'appartient. La voici :

« Le soleil, cause de la précession *par l'at-*
« *traction* et par son mouvement de translation,
« opposé à celui de la terre descendante au midi,
« *cessera un jour de s'élever vers la constella-*
« *tion d'Hercule; il descendra vers les constel-*
« *lations diamétralement opposées;* alors, puis-
« qu'il est la cause de la précession, il le sera
« toujours, mais dans un sens opposé, en allant
« du nord au midi; il agrandira l'angle qu'il
« rend plus aigu aujourd'hui. »

Voilà *une hypothèse* que je ne puis prouver,
et qu'on ne peut combattre avec preuve, et par
conséquent avec succès; elle entre dans le système du mouvement des soleils, et l'homme sera
toujours forcé de borner ses connaissances au
système planétaire (*que j'ai fixé par la preuve
du mouvement de la terre*), et à juger *par analogie de raisonnement, et non de fait,* que les
étoiles fixes sont autant de soleils, *qui ont chacun un semblable système planétaire;* mais
quelles sont les lois qu'ont entre eux ces soleils
en nombre infini?

Demandez-le à ce Dieu qui créa l'univers :
Aux bords de l'infini terminons notre course.

*Résumé de cette cinquième observation.*

D'après ce que j'ai dit (peut-être mal dit,

mais avec exactitude), et d'après les citations dont je l'ai appuyé, j'ai prouvé :

1º Que les révolutions apparentes et diurnes du soleil sont l'effet d'une double spirale, descendante et remontante;

2º Que la terre parcourt réellement l'éclip-tique en un an par les contours d'une double spirale; qu'elle ne peut parcourir autrement ce cercle oblique de 23º $\frac{1}{2}$ à son équateur, de même que son axe l'est à l'axe du plan de son orbite,

3º Que l'inclinaison de l'écliptique et de son axe avec l'équateur et l'axe de la terre, ne peut diminuer par l'effet de la précession de l'équinoxe, que par les contours d'une spirale ;

Et que si l'inclinaison cesse et *recommence à croître*, ce ne pourra être que par l'effet d'une double spirale descendante et montante.

*La forme* seule *dont ees vérités sont émises* peut les faire rejeter.

Le type en appartient à *M. Puissant;* le premier je les ai senties et développées; je voudrais par mes talents pouvoir donner plus de mérite à l'hommage que je me plais à lui en faire.

### Sixième observation.

J'ai dit *le premier*, par note, pages 43 et sui-vantes, *que la bille que l'on faisait rouler sur un billard ne recevait de choc que de la queue qui la frappait; que par conséquent la rotation n'était que l'effet de la résistance du plateau immobile sur lequel elle roulait; que cette résistance affaiblissant la translation, la rotation n'était que la résultante de la force de translation communiquée par la queue, et de la force de l'obstacle qui communiquait à la bille en mouvement son immobilité, qu'il finissait par lui donner entièrement*

Si nos savants *physiciens* et *géomètres* se taisent *sur un paradoxe aussi vrai, aussi essentiel à connaître*, leur silence orgueilleux n'est que l'effet de l'impuissance où ils sont de le combattre : *il est basé sur leurs principes*, qu'ils ne veulent ni ne peuvent contredire.

On ne peut créer sur un billard *une force, aussi aisément que l'on peut créer dans l'espace un éther pour faire onduler la lumière à son gré;* ce billard est visible à tous les yeux; tout joueur, quoique ignorant en physique et en géométrie, connaît les divers effets que l'on peut donner par le mouvement de la queue à la bille; il connaît l'immobilité du plateau, l'élasticité de la bande qui produit réaction; il apprendrait aux physiciens la pratique *du comment*, quand l'autre lui expliquerait *savamment* la théorie *du pourquoi.*

Quant à moi, avec l'orgueil qui convient au faible, je ne veux combattre et vaincre ces savants que par leurs propres armes. Voici leurs principes et ma loi :

« La matière est inerte, elle ne peut se donner « le mouvement, ni s'ôter elle-même celui qui « lui a été communiqué, ni communiquer de « mouvement quand elle n'en a pas. »

D'après ce principe, *qui fait ma loi*, voici ma question :

*Si la rotation est un mouvement, quel est le corps qui le communique à la bille et à la boule ?*

*Septième observation, terminée par la découverte de la cause de la lumière zodiacale.*

Le premier, et seul encore, pages 54 et 55, j'ai contredit (hypothétiquement, parce que mon opinion, quoique basée sur celle de feu *M. le marquis Laplace* et de *M. le baron Fourier*, n'est aussi qu'une *hypothèse*, mais fondée sur des faits bien observés) l'opinion d'*Herschel* et celle additionnelle de ses nombreux partisans parmi nos savants, qui veulent *que le soleil soit sans embrasement, quoique entouré de flammes, parce qu'elles en sont distantes, et qu'elles n'empêchent pas qu'il puisse être habité.*

J'ai dit : « Si la terre est un soleil (ou un
« fragment de soleil) refroidi, encroûté; si la
« chaleur moyenne de sa surface va toujours en
« augmentant, dans de semblables proportions
« de chaleur, cette moyenne de sa surface, en des-
« cendant vers son centre; cette progression an-
« nonce, *par le calcul,* qu'elle est encore en
« fusion à 20 lieues de cette surface. Or, il
« faut qu'un corps brûle avant de pouvoir s'é-
« teindre; et il doit aussi commencer par brûler
« à sa surface, et finir par se refroidir à son
« centre. »

Outre l'opinion de M. Laplace, rapportée
dans la *Connaissance des temps de* 1823, p. 245,
sur la diminution de la durée du jour, par le refroidissement de la terre, je vais citer, sur le même
sujet, des fragments d'un ouvrage de *M. le baron
Fourier,* dont j'ai omis de noter le titre, en
notant les pages 396 et 397, sur lesquelles je les
ai copiés.

« La terre échauffée à la même température
« qu'un globe de pareille matière, et d'un pied
« de diamètre, mais tous deux dans un même
« degré de froid, ne se refroidiraient pas plus en
« 1,280,000 années que le globe *en une se-*
« *conde....* d'après l'école grecque d'Alexandrie,
« *par suite du refroidissement interne,* la sur-
« face du globe n'a pas diminué aujourd'hui de

« la 300ᵉ d'un degré de chaleur du globe...... La
« chaleur interne *qui traverse sa surface dans*
« *un siècle*, en s'étendant dans l'espace, peut
« fondre une colonne de glace de 3 mètres carrés
« de base..... »

*Ce globe a donc brûlé*, comme je l'ai déjà dit,
*pour s'être éteint sur sa surface, et être encore
en fusion vers son centre, d'où il transmet sa
chaleur à sa surface, et en fondrait les glaces,
si le froid de l'atmosphère ne s'y opposait.*

Donc, si la terre a été un soleil ou un fragment
de soleil, par l'analogie *et le fait de la chaleur
qui nous vient du soleil*, le soleil est en état
d'incandescence; *les flammes qui l'entourent sont
le résultat de cet état.*

Voilà ma manière de raisonner.

M. Francœur, page 59 de son *Uranographie*,
art. 45, a rapporté les trois hypothèses sans s'at-
tacher à aucune. « Doit-on, dit-il, en conclure
« avec M. Laplace, que le soleil soit une masse
« embrasée qui éprouve d'immenses éruptions,
« dont nos volcans donnent à peine une idée?...

» Ou peut-on, avec Herschel, croire que cet
« astre est un corps solide, environné d'une at-
« mosphère de nuages enflammés qui, *s'entrou-*
« *vrant quelquefois*, nous laissent apercevoir
« leur noyau obscur?..... »

(Quand la flamme qui entoure la bûche de

mon foyer s'entr'ouvre, elle me laisse voir la
partie de cette bûche *noircie ou rougie*, qui se
consume en produisant cette flamme qui me la
cachait en partie, et qui ne la touche pas, ou
qui ne *la touche que par une flamme plus sub-
tile, moins opaque et transparente.*)

« Quelques auteurs veulent que le soleil soit
« composé de couches qui, agissant *galvanique-*
« *ment* les unes sur les autres, formeraient *une*
« *immense pile voltaïque.* Ils se fondent sur l'ex-
« périence que *M. Davy* a faite avec la grande
« pile de l'institution royale; la communication
« établie entre les pôles par le moyen d'un
« charbon, développerait une lumière plus vive
« que celle du soleil, et une chaleur *capable de*
« *fondre le platine, le saphir, etc.....* »

On voit que l'auteur émet ces trois opinions
sans se prononcer pour aucune.

Moi, je partage celle de *MM. Laplace et
Fourier,* parce que *je vois des faits et analogie
d'actions.....*

Dans l'autre, je n'aperçois que des hypothèses
grandioses, et *des faits sans analogie ni comparaison, sans similitude.*

Les charbons enflammés par l'étincelle des
pôles de la pile voltaïque, en communication
par eux, et elle en communication avec le sol,
ne se consument pas, parce qu'ils sont sous le

récipient de la machine pneumatique, où on a fait le vide, et l'air est nécessaire à la combustion ; aussi, comme il en reste toujours sous le récipient, *les charbons se couvrent-ils aussi d'une légère cendre,* qui prouvent, par ces deux observations, *la nécessité de l'air pour la combustion :* l'air resté a commencé la combustion des charbons.

Mais l'expérience faite en plein air, les charbons sont à l'instant consumés.

Sous le récipient, ces deux charbons, par leur éloignement, font développer l'étincelle dont la flamme ne peut s'échapper, quoique la lutière traverse le verre, ce qui augmente l'intensité parce qu'elle est accumulée sans interruption. Les charbons ne sont donc que la matrice sur laquelle se forme et s'accroît l'étincelle, par l'effet de la pile galvanique, intarissable par sa communication avec le sol.

Mais regardant le soleil *comme la pile,* où est l'analogie? l'étincelle n'entoure pas la pile.

Où serait la communication du *soleil-pile* avec une plus forte masse, comme la pile avec le sol?

Le soleil serait donc la pile et les charbons, et les flammes seraient à la fois *l'étincelle et la machine pneumatique,* sous le récipient de laquelle s'accumuleraient l'étincelle ou les flammes:

mais les flammes peuvent-elles être le récipient qui les couvre?

La pile voltaïque s'use, surtout la partie qui est en *zinc*.

Le soleil s'userait bien plus vite, ne paraissant être en communication avec aucune autre masse; il fournirait seul la matière galvanique à l'immensité des flammes qui l'entourent.

Et comment pourrait-il fournir à la déperdition de matière immense de chaleur et de lumière envoyée de toute part dans le système planétaire, sans s'user?

Sans doute, quel que soit le système que l'on adopte, le soleil s'use. L'immensité de son volume et de sa masse empêche de pouvoir observer sa diminution, quand il diminuerait quatre fois du volume de la terre tous les ans. Le volume de la terre, d'après l'annuaire des longitudes, est le 1,328,460e du soleil; diminué de quatre fois le volume de la terre, il resterait encore 1,328,456 fois plus grand que la terre, et dans 2,000 ans, il n'aurait diminué que de 8,000 fois le volume de la terre; il resterait encore 1,320,460 fois plus volumineux: on pourrait doubler, quadrupler cette diminution sans qu'elle fût encore sensible: mais on ne peut douter que le soleil ne diminue en proportion des matières qu'il émet dans son système, et qu'il soit assujetti à la loi générale:

*Nunquàm in eodem statu permanet.*

S'il se présentait quelque analogie relativement aux effets de la pile *galvanique*, on les trouve-rait plutôt *dans les aurores boréales.*

Cependant, je croirais qu'elles ont leur cause dans les effervescences du soleil vers ses pôles, où il n'est pas comprimé par l'attraction réci-proque des planètes et de la sienne, et par con-séquent où doivent se faire toutes les projections produites par ses effervescences intérieures, qui doivent être sensibles vers les pôles des planètes dans leur hiver ou leur nuit, par l'effet de l'at-traction qui fait converger la matière lumineuse.

Mais si mon hypothèse, faiblement appuyée par les faits, et que je n'ai que très superficielle-ment examinée, ne satisfait pas; mes réflexions sur l'ouvrage de *M. de Mairan*, et sur la *lumière zodiacale*, et l'observation attentive du *phéno-mène*, m'ont fait découvrir, du moins je le crois, *la cause de cette lumière zodiacale*, que je vais expliquer aussi succinctement et aussi clairement qu'il me sera possible.

## Cause de la lumière zodiacale.

Fixons d'abord, et toujours par l'ouvrage de l'illustre *Laplace*, ce qu'on entend *par lumière*

*zodiacale*; tome. I<sup>er</sup>, page 22 et 23. « On aper-
« çoit, surtout vers l'équinoxe du printemps,
« une faible lumière visible avant le lever ou
« après le coucher du soleil; et à laquelle on a
« donné le nom de *lumière zodiacale.*

« Sa couleur est blanche, et sa figure est celle
« d'un fuseau dont la base (le milieu du fuseau)
« s'appuie sur l'équateur solaire; tel on verrait
« un sphéroïde de révolutions fort aplati, dont
« le centre et le plan de l'équateur seraient les
« mêmes que ceux du soleil. Sa longueur paraît
« quelquefois soutendre un angle de plus de
« 100 degrés.

« Le fluide qui nous réfléchit cette lumière
« doit être extrêmement rare, puisque l'on voit
« les étoiles au travers.

« Suivant l'opinion la plus générale, ce fluide
« est l'atmosphère même du soleil; mais cette at-
« mosphère est loin de s'étendre à d'aussi grandes
« distances. »

Dans mon opinion, *l'éther*, appelé par les savants *la véritable substance du monde*, et par
moi *l'atmosphère des atmosphères*, est la matière
universelle, intermédiaire entre les atmosphères
du soleil et des planètes.

Je l'appelle *atmosphère des atmosphères*,
parce que je la crois l'excès *de la lumière et de la
chaleur*, émises par le soleil, et réfléchies par

toutes les planètes, par toutes les molécules de l'air, *après en avoir absorbé tout ce qu'elles pouvaient.* Ces matières solaires sont réfléchies par tous les corps, mais amalgamées, combinées, mélangées avec les gaz de ces corps qu'elles ont dilatés, et qu'elles entraînent avec elles dans leur réaction, pour former *l'éther, la véritable substance du monde, l'atmosphère de toutes les atmosphères.*

Le soleil doit être entouré *d'une atmosphère lumineuse et calorique, comme la terre est entourée d'une atmosphère de gaz et de vapeurs; ces dernière tendent* la partie gazeuse par la dilatation, et la détendent par la condensation, qui les rappelle à leur premier état.

Sans chercher jusqu'où s'étend l'atmosphère solaire, il me suffit de savoir que la partie ne peut avoir plus d'effet que la masse dont elle dérive.

Or, le soleil est un corps sphérique qui par conséquent répand sa chaleur et sa lumière de tous les points de sa surface dans toutes les parties de son système, puisque *Jupiter, Saturne* et *Uranus,* placés à ses extrémités, réfléchissent l'excès de lumière qu'ils en reçoivent, après tout ce qu'ils ont pu en absorber, ainsi que leurs satellites qui la réfléchissent également.

Cette observation prouve que la lumière ne se

5.

rend visible à nos yeux que par son accumulation ; qu'elle ne peut s'accumuler qu'arrêtée par les corps qu'elle rencontre dans l'espace, et vers lesquels l'attraction la fait converger.

De sorte qu'elle converge en s'avançant; elle s'accumule par l'obstacle qui l'arrête, et qui la réfléchit en la faisant diverger dans le même sens où elle convergerait, si l'obstacle qui la repousse était immobile : la divergence éteint sa lumière pour nos yeux en la disséminant.

L'on dit que sur le *Mont-Blanc*, l'on voit les étoiles en plein jour; donc que si on s'élevait à quatre fois sa hauteur, et moins, l'on se trouverait dans une obscurité absolue. Donc que la lumière a besoin d'être réunie, arrêtée, accumulée et réfléchie pour nous éclairer.

Donc l'atmosphère solaire, fraction, extension de la lumière, ne pourrait devenir lumineuse que comme la lumière.

A ces premières observations, joignons celles extraites de l'ouvrage de *M. de Mairan* sur le même phénomène, *la lumière zodiacale*.

1° Il est difficile d'expliquer pourquoi, quand la nuit est parfaitement claire, *et que l'on voit les plus petites étoiles, cette lumière ne paraît pas.*

2° Elle se distingue du crépuscule avant et après son apparition.

3° On la voit totale dans les éclipses de soleil.

4° Elle est plus claire sur le centre *du cône* ou *de la pyramide*, qui est sa forme, *que sur ses côtés.*

5° Elle ne quitte pas en s'étendant sur le zodiaque la direction de l'équateur solaire.

6° Elle augmente à mesure que le crépuscule diminue; et on ne la voit pas quand l'obscurité est absolue.

7° Les variations sont très considérables d'un jour à l'autre.

8° Remarquez les étoiles qui se trouvent à l'extrémité de sa pointe.

9° *M. de Mairan*, comme *M. Cassini* avant lui, ont cru voir *pétiller des étincelles dans la lumière zodiacale*, en la regardant avec des lunettes de 20 pieds de longueur.

### Conclusion.

D'après ces faits, pour connaître la cause *de la lumière zodiacale*, il faut d'abord bien connaître les causes de *la lumière crépusculaire.*

Je dois avertir que mes observations n'ont eu lieu qu'au couchant (ce qui est assez indifférent; mais n'importe je le dis).

La lumière crépusculaire a deux causes très distinctes, et qui ne s'amalgament pas, quoique leurs lumières réunies augmentent l'intensité du crépuscule; une des causes disparaît sous l'horizon avant l'autre.

*La première cause* est la réflexion de la lumière du soleil qui vient de nous être cachée, et qui, éclairant la partie de la terre immédiatement au-dessous de l'horizon à notre couchant, est réfléchie et réfractée dans l'atmosphère, qui nous la réfléchit en nous la réfractant aussi.

Cette lumière réfléchie sur la terre forme un grand cône bien marqué dans l'atmosphère, image de la partie de la terre éclairée par le soleil couchant. Cette cause produit la lumière appelée *vrai crépuscule*.

*La seconde cause du crépuscule* est aussi celle de la lumière zodiacale. Aussi sollicité-je ici toute l'attention de mes lecteurs.

Le soleil couchant pour la terre à notre ouest, n'est éclairé que par l'extrémité du cône presque *équatorial*, du soleil, dont les rayons lui parviennent obliquement, puisque le soleil est déjà au-dessous de l'horizon, qu'il ne le voit que par l'effet de la réfraction de l'atmosphère.

Mais l'atmosphère de la terre reçoit aussi les rayons du soleil, puisque sa forme sphérique les lance de toutes parts.

L'atmosphère de la terre forme un sphéroïde très irrégulier autour de la lune (1). Les rayons

(1) Les savants nous disent qu'elle forme un sphéroïde autour de la terre, aplati sur les pôles, renflé sur l'é-

du soleil s'élèvent donc verticalement sans toucher la terre vers l'atmosphère à notre horizon, et font un angle très obtus avec notre rayon visuel horizontal, fixé vers l'occident. Ils sont d'autantplus multipliés, que la terre,*qu'ils rasent,* les fait dévier un peu vers elle *par l'attraction;* ces rayons ne viennent que de l'extrémité du cône du soleil sur l'équateur, qui forme ici un triangle dont la *base* est la partie cachée sous la terre, et le sommet de l'angle irrégulier de la

quateur, comme la terre, comme le noyau solide qu'entoure l'atmosphère. *C'est une erreur,* d'après leurs principes.

La terre est un solide de révolutions, sa forme ne change que par l'affaissement des montagnes et leurs débris, occasionnés par les pluies qui les descendent dans les plaines où elles comblent les vallées.

Mais *le fluide* qui environne la terre, que l'on appelle *atmosphère,* obéit aux lois *de la dilatation* et de *la condensation;* elle est donc renflée le jour, et condensée, aplatie la nuit.

Mais ces deux effets doivent être énormes sous les pôles: *sur l'un la dilatation est extrême, puisque la chaleur y fond le goudron des vaisseaux.*

*Sur l'autre, la condensation est extrême,* puisque ce n'est plus qu'une masse de glaces, de solides.

Donc, par ces deux effets, la forme de l'atmosphère est très irrégulière, et sans cesse variable dans son irrégularité.

pyramide, qui est plus clair que les côtés, qui varie suivant la position de la terre et des lieux où l'on observe.

Pour bien concevoir la cause de ce phénomène, il faudrait que le lecteur eût deux boules traversées par un axe, coupé sur la surface de la boule par trois lignes tout autour, dont la première partagerait la boule et serait *l'équateur*, et les deux autres *les tropiques*, l'une serait la terre et l'autre le soleil ; une quatrième ligne sur la terre, oblique à son équateur, formerait aussi un cercle dont les deux extrémités toucheraient en un point les tropiques, ce serait *l'écliptique*.

On fixerait ces deux extrémités de la boule qui figurerait le soleil sur deux appuis quelconques, de manière qu'un côté regarderait au nord entre le troisième et le deuxième nœud de la constellation du dragon, et l'autre opposé regarderait la carène du navire, près le poisson volant.

On tiendrait à la main celle qui représenterait la terre, dont on aurait attention de tenir les deux pôles opposés à celui du monde, à la position à peu près de la polaire ; on y figurerait par un point, la position de Paris à 49° de l'équateur, et 41° du pôle.

Dans cette position, les deux équateurs se couperont obliquement en faisant angle de 31°, puisque le soleil le fait de 8° avec l'écliptique ; et alors, ne donnant à la boule que l'on tient que rotation et translation de chaque tropique à l'équateur solaire, *sans qu'il soit nécessaire de la faire circuler autour du soleil*, on promène l'équateur de la terre dans cette position d'un tropique du soleil à l'autre, ou l'on porte tour à tour ses tropiques sur l'équateur solaire qui, par la position de l'axe, tournent entre les 10° des constellations des gémeaux et du sagittaire ; et ses nœuds ou ses points d'intersection avec l'écliptique étant les points équinoxiaux dans les constellations de *la vierge* et des *poissons*.

L'écliptique partageant le zodiaque, en promenant la terre sur l'équateur solaire d'un tropique à l'autre, on connaîtra aisément la position de la lumière zodiacale, dans le zodiaque.

D'après cette explication préliminaire, je vais prouver, en répondant article par article aux neuf observations extraites de l'ouvrage de *M. de Mairan*, que cette seconde cause du crépuscule *est la lumière zodiacale ;* cause jusqu'à présent vainement cherchée par les savants, quoique bien naturelle et bien visible.

1° Quand la nuit est parfaitement claire, quand les plus petites étoiles se voient ; l'air, sans condensation sensible, laisse passer la lumière que lui émet directement le soleil à son coucher.

Mais quand cet air, cette atmosphère commence à se charger de vapeurs, ce que l'on connaît la nuit par l'invisibilité des étoiles de 3ᵉ, 4ᵉ, 5ᵉ et 6ᵉ grandeurs, et le jour, par l'azur de l'atmosphère qui se blanchit; alors l'atmosphère arrête cette lumière qui lui vient directement du soleil, et elle la réfléchit avec réfraction sur la partie de la terre qui vient d'être privée de la présence du soleil et de la première lumière crépusculaire, *que la pointe de son cône ou de sa pyramide dépassait.*

Ainsi, ce qui paraît aux savants le plus difficile à expliquer, devient ici la preuve de la cause que je donne *à la lumière zodiacale.*

2º Elle se distingue et doit se distinguer de la première cause de la lumière crépusculaire, puisque la première est plus étendue du côté de chaque pôle, et est réfléchie par la terre, et que l'autre est plus étendue vers le méridien; qu'elle coupe la première en s'étendant plus haut, en surmontant le grand cône crépusculaire par la pointe de sa pyramide, ce qui fait qu'elle reste encore, quand *ce qu'on appelle la lumière crépusculaire a disparu.*

3º On la voit *totale* dans les éclipses du soleil, parce que l'atmosphère qui la reçoit de l'équateur solaire n'est pas éclipsée, et la réfléchit sur la terre. En voilà la figure :

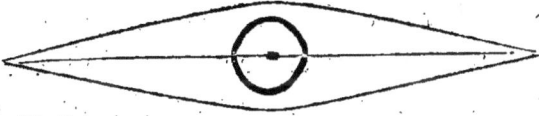

4° Elle est plus claire sur le centre du cône ou de la pyramide, que sur ses côtés : *la raison en est physique.*

Le disque du soleil, vu en entier, éclaire autant sur ses bords que sur son centre.

Mais quand l'extrémité du cône de son équateur resté sur l'horizon de cette partie de l'atmosphère n'envoie qu'une fraction de lumière dans l'atmosphère terrestre, les côtés, moins éclairés que le centre, ne peuvent avoir autant d'intensité ; la lumière qu'ils donnent converge vers celle du centre du cône qui a plus de matière, et est plus près de l'objet éclairé de l'atmosphère, *dont la densité comprime la lumière zodiacale, qui lui arrive directement, comme l'air comprime la flamme de la lampe qui m'éclaire, en forme de pyramide.*

Et c'est par cette cause que la plus grande et la plus belle clarté du jour est à midi, au moment où le soleil passe au méridien.

Je vais représenter ici la figure de ce cône de lumière de l'équateur solaire presque totalement abaissé sous l'horizon, convergeant vers l'atmos-

sphère condensée de manière à ne laisser passer
que la lumière des étoiles de première et seconde
grandeur, et par cette condensation *arrêtant,
comprimant, réfléchissant et réfractant* vers la
terre, privée du soleil, sous la forme de *cône, de
lance ou de pyramide*, le reste de lumière qu'elle
reçoit.

5° Cette lumière ne quitte pas *dans le zodiaque* la direction de l'équateur solaire. Comment
cette lumière quitterait-elle cette direction?
L'extrémité de cet *équateur solaire* est sa source,
c'est lui qui la lance, qui lui donne sa forme
*conique, pyramidale* ou en forme de lance ?

6° Elle augmente d'intensité quand le *premier
crépuscule* (c'est-à-dire la première cause du
crépuscule, d'après mon opinion) a disparu.

Nul effet plus naturel. Le soleil couchant envoie plus de lumière à la terre qu'à l'atmosphère;
sa masse en attire davantage; sa nature, soit
solide, soit liquide, en absorbe moins que l'air,

qui la laisse pénétrer bien davantage, même quand *son opacité s'obscurcit* (1).

Cet effet est *l'inverse de celui de ma veilleuse*, placée sur une table au milieu de la chambre où je couche ; mon lit étant sans rideaux, et ne fermant jamais ceux de la croisée ni de l'alcove, aussi, dès que le jour paraît, la lumière de ma veilleuse, réfléchie au plafond, se dissipe peu à peu, et finit par disparaître.

Mais si je me lève et que je ferme les rideaux de la croisée, qui sont d'un vert foncé, la lumière du jour cessant, celle de ma veilleuse revient se réfléchir au plafond comme auparavant.

Si je l'allumais le soir après le soleil couché, elle ne se réfléchirait au plafond que quand le crépuscule serait affaibli, et son intensité augmenterait avec l'obscurité.

7.° Ses variations très considérables d'un jour à l'autre sont les mêmes que celles du baromètre, *que la dilatation des vapeurs qui tendent l'air font monter*, et que *la condensation des mêmes vapeurs*, en détendant l'air, font descendre. (Je crois à la pression de l'air, et non à sa pesanteur,

(1) Cependant, quelquefois l'opacité des vapeurs est si grande, qu'elles ont répandu la nuit la plus obscure en plein jour, notamment, il y a quelques années, à Londres, comme nous l'ont appris tous les journaux à cette époque. Journal des Débats du 26 novembre 1829 : *Ce phénomène vient de se renouveler le 21 novembre à Londres.*

quoiqu'il soit pesant. ) La réflexion de la lumière zodiacale suit le mouvement des vapeurs dans l'air atmosphérique.

8° Remarquez les étoiles qui se trouvent à la pointe de la pyramide que forme la lumière zodiacale. C'est un conseil que donne M. de Maïran à ses lecteurs, pour connaître jusqu'où s'étend dans le ciel la lumière zodiacale, pour s'assurer qu'elle ne sort pas du zodiaque, et qu'elle y conserve la direction de l'équateur solaire.

9° Enfin, le premier fixé en France de cette illustre famille *des Cassini*, si féconde en grands astronomes, géomètres et géographes, et M. de Maïran, ne doivent point s'être trompés quand ils ont cru *voir pétiller une étincelle à travers la lumière zodiacale.*

L'atmosphère dont les vapeurs sont condensées, et le sont toujours inégalement, est toujours en mouvement comme l'air. Un endroit de ces vapeurs plus clair, moins opaque, aura laissé passer la lumière d'une étoile de *troisième* ou *quatrième* grandeur, couverte aussitôt par le mouvement de vapeurs plus épaisses, et cette étoile qu'ils n'auront vu qu'un moment à travers l'air, leur aura paru une étincelle formée dans la lumière zodiacale.

Je crois, en résolvant de cette manière toutes les difficultés présentées par M. *de Maïran* au sujet de la recherche de la cause de cette lumière, *avoir prouvé que cette cause était celle de la lumière que le soleil couchant* projetait directement dans l'atmosphère de notre horizon au couchant, quand la condensation de l'atmosphère ne laissait passer que la lumière des étoiles *de première et de seconde grandeur.*

Si les savants se taisent, j'en conclurai que je ne suis pas dans l'erreur, et que cette découverte est encore réelle.

### Huitième Observation.

J'ai dit *le premier*, et le seul encore, page 70 de mon ouvrage *rejeté, que si le soleil n'était pas centre et immobile, si c'était la terre qui le fût, le soleil tournant autour de cette terre immobile, ses taches paraîtraient aller d'un côté de la terre à l'orient, et de l'autre à l'occident.*

Pour se convaincre de la réalité de ce que j'avance, il suffit d'avoir deux boules, l'une immobile, l'autre parsemée de quelques teintes, pour figurer les taches du soleil, et traversée par un axe pour lui donner *rotation* et *translation* autour de la boule immobile, figurant la terre; et l'on verra l'effet que j'ai décrit (1).

(1) Toutes les machines simples, allant à la main, sont préférables pour l'enseignement à toutes les machines à rouage. On conçoit mieux le mouvement dont la main seule est le mobile; il faut l'apprendre pour le faire; on

Par cette preuve bien simple, bien facile, on peut me démentir, si les faits ne sont pas tels que je les présente.

Et au contraire, faites tourner la boule qui figure la terre autour de celle qu'on rendra centrale, avec rotation seulement sur elle-même, et l'on verra les taches aller toujours *à l'occident*, si l'autre boule tourne autour de celle centrale, *d'occident en orient*.

Toutes les autres preuves *du mouvement de la terre* sont également prouvées ou physiquement, ou par de simples calculs.

*Bref :* je l'ai dit en commençant, je n'ai pas l'habitude d'écrire comme auteur ; mais je le répète, les savants sont bien malheureux, s'ils ne peuvent apercevoir la vérité que dans les ouvrages d'un *Démosthènes*, employant souvent son éloquence à la cacher, pour faire triompher l'erreur.

Au surplus, mes preuves sont des faits, et les faits ne peuvent être démentis par le calcul, *qui ne donne que des évidences, sans remplacer les faits, sans pouvoir les démontrer.*

admire le mécanisme d'une machine à rouage sans retenir son effet dans sa mémoire. Elles sont excellentes à la fin d'un cours pour voir l'ensemble du mouvement du système planétaire ; elles ne font que détourner l'attention de celui qui n'est qu'au rudiment.

## Neuvième Observation.

J'ai prouvé *le premier*, page 85 , que les planètes inférieures n'avaient pas *de rétrogradations apparentes ;* que c'était l'effet réel du mouvement circulaire, tandis que les rétrogradations des planètes supérieures n'étaient qu'une illusion due à la plus grande vitesse de la terre sur celle des planètes supérieures.

## Dixième Observation.

Le savant cardinal *de Polignac* a commis , près de cent ans avant *M. Laplace,* la même erreur que j'ai observée dans l'ouvrage de ce dernier, page 74 de mon ouvrage. Voici cette erreur:

« Pour contempler le cours des planètes tel « qu'il est, il faudrait être placé sur le point « qu'occupe le soleil (mauvaise expression *du* « *traducteur :* il faudrait , comme l'a dit M. La-« place, se transporter en idée sur cet astre). « Comme cet astre est le *centre immobile* de leur « mouvement et de celui de la terre, en les consi-« dérant de là, *vous n'en verriez aucune rétro-« grade, aucune stationnaire.* »

Il oublie que, dans la même page, *alinéa* antécédent, il a dit : *le soleil tourne sur son axe ,*

6

*cette révolution dure vingt-cinq jours.* Donc il n'est pas immobile ; donc je dois appliquer à la même erreur ce que j'ai dit pages 74 et 75 relativement à cette partie de l'ouvrage de *M. Laplace.*

« Il revient aux apparences , et il oublie avoir « enseigné que les taches du soleil avaient ap- « pris qu'il tournait sur lui-même en vingt-cinq « jours et demi d'orient en occident, de même « que toutes les planètes, et il regarde ici le soleil « comme immobile.

« Mais s'il était immobile, transportés dessus , « nous ne verrions que des mouvements réels, « comme nous les voyons de dessus le vaisseau « en repos dans le port.

« Mais mobile, comme ses taches l'apprennent, « nous verrions tous les objets immobiles comme « les étoiles fixes, tourner en vingt-cinq jours et « demi , à l'opposé du mouvement du soleil; « mais les objets mobiles, *leur mouvement propre* « *étant dans le même sens que le sien,* il lui « faudrait de plus le temps nécessaire, par sa ro- « tation, pour les atteindre; il mettrait deux « jours de plus pour atteindre la terre, ce qui « ferait vingt-sept jours et demi. »

Voilà *deux illustres savants* qui ont commis, à près de cent ans l'un de l'autre (de leurs écrits), es mêmes erreurs.

Les apercevant *le premier*, ai-je rendu un service à l'astronomie *en les faisant connaître?* tandis que M. Laplace a dû copier cette erreur sur l'ouvrage du cardinal de Polignac, et tous nos ouvrages d'astronomie l'ont copiée d'après M. Laplace.

Devais-je laisser subsister ce vice *d'habitude, sanctionné par ces grands noms;* une erreur générale, et absolument contradictoire avec le mouvement reconnu du soleil?

Sont-ce là les égards que l'on doit aux savants?

Seuls, dans la monarchie française, font-ils une caste privilégiée *contre la vérité*, sous l'égalité des droits?

Non : et si je n'honore pas les sciences par les talents et le savoir, je les honorerai du moins *par la vérité*, *par la franchise*, et par une liberté *sans licence comme sans dépendance;* je n'ai été et ne serai jamais que l'esclave des lois et de l'honneur.

Et ce n'est pas à 68 ans que l'ambition, qui ne m'a jamais guidé, conduira ma plume, quoique *très ostensiblement* je n'aie jamais été indifférent aux malheurs de mon pays, occasionnés par la révolution et *par des réactions aussi criminelles*. L'on ne me mettra pas au défi de citer et les uns et les autres : toutes deux *m'ont fait verser des larmes*.

6.

Mon adage est aujourd'hui :

*Prêt à parler à Dieu , parle aux hommes sans peur ;*
Mais non pas sans espoir pour leur propre bonheur.

## Onzième observation.

J'ai nié, pages 18, 19 et 121 de mon ouvrage,
*le vide de Newton*, et je le nie fermement : et
sans émettre les preuves qui me sont particulières, *et que j'émettrai un jour*, si je vis, je ne
veux ici que corroborer celles que j'ai avan-
cées dans mon ouvrage par les observations *de*
*M. Arago* sur la comète de 3 ans, 3. Je vais
copier cette partie du 12ᵉ paragraphe de ses notes
scientifiques, Annuaire du bureau des longitudes de 1825, page 205.

« Cette comète redeviendra visible, *du moins*
« *à l'aide des lunettes*, dans l'automne de 1828...
« elle se trouvera à la fin d'août dans la constel-
« lation du belier, au mois de novembre *dans*
« *celle de Pégase,* dans celle de l'aigle vers le
« milieu de décembre.....

« Les observations que l'on fera durant cette
« nouvelle apparition de la comète périodique (1)

(1) Le retour d'une comète ne peut être périodique,
d'après les principes de l'illustre Laplace sur la nature des
comètes. Ce sera le sujet d'une observation subséquente.

« de 3 ans, 3, auront un grand intérêt, puis-
« qu'elles serviront, suivant toute apparence, à
« décider si *la résistance de l'éther* peut *avoir*
« *une influence appréciable sur les mouvements*
« *des astres.* »

L'on voit clairement par le raisonnement sur
l'observation que les savants se proposaient de
faire *sur la réapparition* de la comète annoncée,
*qu'ils ne doutent plus que l'éther ne soit matière;*
*qu'ils ne mettent plus en doute que si sa densité*
*influera sur le mouvement des astres.*

Et cependant le jeune et intéressant savant
*M. Pouillet,* dans son cours déjà cité, page 925,
ne se permettant ici encore que les principes pro-
fessés dans l'école, dit :

« Qu'il existe dans tout l'espace un fluide
« d'une nature particulière qu'on appelle *l'éther.*
« Nous concevons la *matière* comme étant *l'im-*
« *pénétrabilité.*

« Nous concevons *le vide* comme étant l'ab-
« sence de *l'impénétrabilité.*

« Eh bien! dans le vide *qui existe nécessaire-*
« *ment,* qui est *nécessairement infini,* il y a une
« substance qui n'est analogue ni au soleil, ni à la
« terre, ni aux planètes.....

« Nous admettons *qu'il remplit tout l'espace,*
« tous les intervalles où *il n'y a point de matière*

« pondérable; qu'ainsi l'éther est la véritable
« substance du monde..... »

Si un particulier qui ne serait pas *doctus* rai-
sonnait comme raisonnent les savants (je ne dis
pas *le*, le jeune savant n'est ici que l'écho des
*mystères académiques*), nos journaux *l'auraient
bientôt placé sans logement aux incurables.*

Oui, il faut avoir *une conception d'état*, pour
concevoir *une substance qui ne soit pas matière*,
une substance *qui remplisse l'espace et qui y
laisse le vide*, et qui, *forcément,* laisse *l'absence
de l'impénétrabilité.*

Cette substance ressemble on ne peut plus
parfaitement *à rien;* le vide n'est *rien :* c'est donc
placer *rien dans rien.*

O savants, laissez à l'Éternel le pouvoir de
créer ! que d'erreurs quand, vous élevant à l'infini, vous créez *la substance infinie, au lieu de
l'observer !!!*

Et pourquoi la créez-vous cette substance in-
finie?

Pour faire *porter, onduler la lumière*, comme
le son *ondule, est porté par l'air.*

Vous attribuez donc *à cette substance sans
matière* une force plus grande qu'à la lumière,
puisque c'est son moyen de transport?

Le savant *M. Francœur*, admettant le vide
que je repousse, combat par un raisonnement

juste la doctrine de ses émules que je viens de transcrire.

*Uranographie*, 2ᵉ éd. in-8°, p. 182, art. 123.

« Quelques savants ont cru que l'immensité
« de l'espace était occupée par l'éther, fluide im-
« pondérable et d'une excessive mobilité (1),
« mais ce gaz serait une cause retardatrice du
« mouvement des planètes, et quelque faible
« qu'on le supposât, dans la durée des siècles,
« son effet devrait être sensible..... Si cette ma-
« tière est sans effet, quelle preuve a-t-on de
« son existence? »

Cette manière très conséquente de raisonner aura fait réfléchir les savants qui s'occupent à connaître, à apprécier l'effet de sa résistance sur la marche des astres.

Je crois que leurs recherches à cet égard seront sans fruit.

Parce que dès qu'on établit *une substance in-finie* qui remplit l'espace, *les planètes n'ont pas été projetées dans le vide.*

Savants, je marche toujours appuyé sur vos propres principes.

*L'éther*, dans l'univers, est comme l'air dans l'étendue de l'atmosphère de la terre. S'il devient moins dense dans un endroit par sa compression

(1) Comment donner la mobilité à une substance, *sans la concevoir matérielle?*

dans un autre, aussitôt que sa compression a cessé, l'air se porte de toutes les parties où il était comprimé, vers l'endroit moins dense, cause de de cette compression. C'est la cause la plus connue du vent et des ouragans. Je ne suis dans ce que je viens de dire *que la pie des savants.*

Mais en voici une application qui m'appartient.

1° Si notre soleil pouvait *s'éteindre, sans être remplacé par un autre,* tous les soleils environnants étendraient leur lumière et leur chaleur sur son système planétaire; il y aurait nécessairement une révolution générale par la diminution de ce soleil; *mais le vide ne suivrait pas son anéantissement.*

« *Omnia mutantur, nihil interit.* Ovide.

« Nous voyons chaque jour, sous mille aspects divers,
« de ses vivants débris renaître l'univers. »
(Pope, *Essai sur l'Homme,* trad. de Delille.)

2° Ce ne serait pas par la *réapparition* des comètes qu'on pourrait reconnaître *l'influence de la résistance de l'éther,* parce que d'autres causes la rendent insensible sur la comète, comme je le prouverai dans la suivante observation, me bornant à dire ici que *la comète s'évaporant, se condensant dans l'espace,* perd en volume et en masse, ce qui affaiblit son mouvement, l'éloigne ou la rapproche de la terre ou d'une autre planète, sans changer autrement l'orbite qu'elle parcourt.

3° Parce que *l'éther* étant, *d'après les savants, la véritable substance du monde*, celle qui, d'après eux, *remplit tous les intervalles occupés par le vide* ;

*Voici comme je conçois la nature de l'éther.*

Les soleils donnent la vie et le mouvement à tout dans leurs systèmes planétaires; tous sont appuyés les uns sur les autres par les extrémités de leur atmosphère, et unis par *l'éther*, produit de tous les astres quelconques qui peuplent l'univers.

Sous ce rapport, les savants l'ont très bien défini : *véritable substance du monde; j'ajouterai* comme synonyme : *atmosphère universelle, atmosphère des atmosphères.*

Chaque soleil répand dans son système planétaire la chaleur et la lumière.

Il répand, il émet la chaleur et la lumière, en communiquant à ces substances son mouvement de rotation, continuellement entretenu par son émission perpétuelle de lumière et de chaleur.

Ces substances viennent frapper les planètes, et leur impriment même impulsion avec dilatation par l'effet de la chaleur.

La surface des planètes, suivant la nature de leur substance, se pénètre plus ou moins de chaleur et de lumière, et réfléchit celle qu'elle n'absorbe pas vers ce même soleil qui la leur envoie.

Mais les planètes ne les réfléchissent pas comme elles leur arrivent ; ces substances solaires réfléchies, s'incorporent avec les fluides qu'elles forment sur les planètes par la dilatation. Les fluides terrestres sont de différentes natures, *gaz* et *vapeurs*; on ne connaît aux premiers *que répulsion entre eux sans attraction* (1), mais

(1) En vain *M. Gay-Lussac*, après avoir dit dans son cours de physique sténographié et imprimé, huitième leçon, page 114 :

« Ce qui distingue l'air des liquides, c'est que les mo-« lécules, au lieu de s'attirer, sont au contraire dans un « un état continuel de répulsion ; c'est là en effet le grand « caractère des fluides élastiques ; » ajoute : « Cette pro-« priété n'empêche pas que les molécules ne soient soumis « à l'action de la pesanteur, *et que l'air ne soit un corps* « *pesant.* »

Sans doute, *cet air est pesant* quand vous le renfer-mez ; mais libre, il n'agit que par pression, *effet néces-saire de son élasticité.* La pesanteur agit *verticalement*, et *la pression* en tous sens. *La pression* de l'eau est tou-jours l'effet de *la pesanteur*, mais non celle de l'air ; l'eau est le corps *le moins élastique*, puisqu'elle *traverse* le métal qui la renferme plutôt que de subir l'effet de la com-pression.

Si, *d'après la théorie des savants* (Physique et Météo-

les secondes condensées par le froid retombent sur la terre, en serein, en rosée, en pluie, en neige, etc.....; ou, plus élevées dans l'atmosphère, elles vont augmenter les nuages et les glaces sur le pôle privé de la présence du soleil.

L'excès des émanations des soleils innombrables de l'univers, et l'excès de ces émanations non absorbées par leurs planètes, et mêlées aux gaz qu'elles dilatent en les pénétrant, et réfléchies par les planètes vers leurs soleils, remplissent donc tous les espaces intermédiaires

rologie de M. Pouillet, tome I<sup>er</sup>, livre I<sup>er</sup>, chapitre 9, pages 430 et 431), *un projectile lancé contre l'atmosphère laisse le vide après lui, que l'air n'est pas assez prompt pour remplir;* l'air dont les molécules se repoussent en s'élevant ne pèse pas sur l'air qui lui succède en se repoussant aussi; et pourquoi les substances solaires que la terre et les autres planètes ne peuvent absorber ne réagiraient-elles pas en se portant vers le soleil d'où elles nous arrivent, avec une partie des gaz que la chaleur enlève à la terre en les pénétrant.

Comment le vide, à 16 lieues de distance de la terre, pourrait-il arrêter *cet air élastique* qui se jette partout où il est le moins pressé?

*L'éther* est un mélange de tous les gaz émanés par les soleils, et *réfléchis* par les astres qui ne peuvent les absorber. *S'ils les absorbaient, verrions-nous leur lumière? La lune nous réfléchirait-elle cette lumière cendrée que lui envoie la terre? etc., etc.?*

entre les soleils et les planètes, et composent cet *éther* appelé par les savants *véritable substance du monde*, et par moi *atmosphère des atmo-sphères.*

La cause des émanations solaires sur leurs planètes donne à toutes une impulsion dans le sens de celui du soleil; mais cette impulsion les projetterait dans l'espace en les éloignant du soleil, si l'attraction réciproque du soleil et des planètes ne fixait ces dernières autour du soleil, *par deux forces opposées, venant également du soleil.* Bernardin de Saint-Pierre avait raison de regarder le soleil comme principe de tout mouvement dans son *Système planétaire* (édition in-8° de 1818, tome II, page 247).

Son génie a aussi conçu *le premier*, que l'évaporation *rendant la terre plus légère le jour, et plus pesante la nuit, lui donnait la rotation* (même ouvrage, même tome, page 275); mais il n'a pas assez réfléchi cet effet, il l'a mal précisé.

La surface de la terre étant composée d'eau et de terre, ou de liquide et de solide, *l'évaporation pendant le jour diminue considérablement l'hémisphère qui regarde le soleil, et la condensation pendant la nuit rendant à la terre une partie de ces fluides évaporés, rend l'hémisphère opposé beaucoup plus pesant.*

Mais cette manière de diviser la terre en jour

et en nuit, par un plan passant par les quatre points cardinaux, tendrait par *l'attraction* à lui ôter *la rotation*, comme la terre l'ôte à la lune; et de même, l'ôtant sans doute, toutes les planètes principales à leurs satellites, si elles en ont.

Ce n'est donc pas ainsi que l'attraction réciproque produit la rotation des planètes.

1° *L'attraction* est le point d'appui des planètes, de même que le plateau du billard l'est pour la bille dont l'obstacle, le frottement force *la rotation tant que l'impulsion continue le mouvement.*

2° L'impulsion donnée par les émanations du soleil produit le mouvement : *c'est le choc de la queue sur la bille.*

3° La chaleur diminue par *gradation* la partie qui regarde le soleil, au moyen de l'évaporation. *Cette diminution commence à l'orient.*

*Elle est très faible jusqu'à midi; sa grande force est de midi à deux heures.*

*De deux heures au soleil couchant, elle diminue de chaleur et d'évaporation; mais elle continue encore de diminuer de masse et de volume.*

*Le soleil couché commence la condensation plus forte à l'orient qu'au couchant.*

*La condensation dure jusqu'au soleil levant, où est la plus grande condensation, et le plus*

*grand froid de la nuit, si des nuages ne s'inter-*
*posent pas entre le ciel et la terre, arrêtant à la*
*fois la condensation de l'atmosphère et l'évapo-*
*ration du sol.* ( Ce sont bien les principes scientifiques publiés par M. Arago dans l'Annuaire
des longitudes. )

Donc la partie orientale de la terre cachée au
soleil est la partie la plus pesante par l'effet de la
condensation pendant toute la nuit.

Donc aussi la partie orientale qui est en regard
du soleil *jusqu'à midi* est, après la partie orien-
rientale qui lui est cachée, celle qui est la plus
pesante, parce qu'elle a encore peu perdu par
l'évaporation.

Mais la partie occidentale exposée au soleil
de midi jusqu'à sa disparition, étant celle qui
perd le plus par son immense évaporation, sera
celle qui sera devenue la plus légère des quatre
parties de la terre.

Et quoique la partie occidentale opposée à la
précédente vienne d'être cachée au soleil, qu'elle
perde beaucoup moins que l'orientale, son sol
étant encore très échauffé, et qu'elle reçoive
très peu par la condensation, jusqu'à minuit;
après la partie occidentale opposée au soleil, elle
est la plus légère.

Ainsi, en partageant la terre *par le plan du*
*méridien inférieur et supérieur, on la divise en*

*deux hémisphères, oriental et occidental*, dont l'oriental est beaucoup plus pesant que l'occidental.

Dans cet état, l'astre sphéroïde en équilibre par une attraction réciproque, recevant d'occident en orient une continuité d'impulsion par les émanations successives et continues du soleil qui, par la nature du mouvement qui leur est communiqué par le soleil, et entretenues par les émanations qui se succèdent, *ne peuvent la frapper par son centre de gravité,* et tendent par conséquent, surtout d'après sa forme *sphéroïde,* à le renverser ; ajoutez à cette force la chaleur qui a rendu plus pesante la partie de l'astre opposée à celle sur laquelle il reçoit l'impulsion, et qui, par sa pesanteur, est plus fortement attirée vers le soleil.

Savants, voilà un nouveau système du mouvement des astres établi par moi, sur vos propres principes, et *réunissant les tourbillons du Français Descartes* et *l'attraction de l'Anglais Newton.*

Votre système, Messieurs, a adopté pour principe du mouvement des astres *une force de projection inconnue et discontinue ;* aussi avez-vous inventé le vide pour que rien n'affaiblît cette *force non entretenue ;* comme si contrariée par l'attraction, force entretenue, celle-ci ne l'affaiblissait pas? Elle l'affaiblit puisque vous [la faites *osciller;* au périhélie la force d'attraction l'emporte sur la force de projection; à l'aphélie, c'est le contraire.

*Comment la force non entretenue peut-elle regagner la force qu'elle a perdue en descendant au périhélie?* La raison et la physique nous disent que la force de projection des astres, si elle n'était pas entretenue, ne se releverait pas plus des pertes que lui fait faire l'attraction, que le boulet chassé par l'explosion de la poudre hors du canon.

Mais, savants, vous êtes étonnés, *comme l'illustre Laplace* (*Exposition du système du monde,* tome Ier, liv. V, page 420), « de voir toutes les « planètes se mouvoir autour du soleil, d'occi- « dent en orient, et presque dans le même plan... « Un phénomène aussi extraordinaire n'est point « l'effet du hasard; il indique une cause géné- « rale qui a déterminé tous ces mouvements...... « Il y a quatre mille milliards à parier contre un « que cette disposition n'est point l'effet du ha- « sard (1)..... Une cause primitive a dirigé les

(1) Sans doute; le hasard ne fait rien : point de cause sans effet. Mais avec qui parier? Et quel juge déciderait sur le pari? *Modus loquendi :* mais manière de parler insignifiante, puisqu'elle est *un fait* impossible à réaliser.

« mouvements planétaires, l'atmosphère du so-
« leil s'est primitivement étendue au-delà des
« orbes de toutes les planètes..... »

M. Laplace décrit son hypothèse sur la for-
mation des planètes, ce qui m'entraînerait trop
loin si je le suivais davantage.

Je me borne à observer que comme lui je
pense que *les planètes ne peuvent tourner dans
le même sens, et presque dans le même plan,
autour du soleil, que par une cause générale,
et qui vient du même point, du soleil, et que
cette cause primitive et générale entretient leur
effet, et l'entretiendra pendant toute la durée
du système solaire*: durée qui est une source intarissable d'hypothèses insolubles. C'est donc
perdre son temps que de s'en occuper; aussi
vais-je m'occuper à chercher dans le même ouvrage de M. Laplace la cause de la non-appari-
tion de la comète *mal nommée* de 3 ans, 3. Les
comètes sont des astres errans, *sans périodicité,
cherchant à se fixer, ou perdant leurs substances
dans les divers systèmes dont leur projection et
l'attraction les approchent.* Je partage, à cet
égard, les opinions de *l'illustre géomètre.*

*Notes ou observations additionnelles sur la co-
mète de 3 ans, 3.*

Le retour de la comète qui devait être visible

7

à Paris, *du moins avec des lunettes*, dans l'automne de 1828; ce qui était annoncé *si positivement* dans l'Annuaire des longitudes pour 1828, n'y a pas été vu, *même avec des lunettes*.

Cependant ma mémoire heureuse, malgré mon âge, me rappelle *très positivement* que j'ai lu (je ne me rappelle pas où), *que M. Gambard, sous le ciel de Marseille, plus pur* que celui de Paris, *avait observé cette comète dans la direction annoncée, et dans la constellation de Pégase; mais très éloignée et très diminuée dans toutes ses dimensions.* Je ne puis en rappeler les propres expressions, mais leur sens est resté positivement dans ma mémoire.

D'après cette citation faite de mémoire, M. Damoiseau a donc observé en savant géomètre et astronome, la comète dont *la réapparition était si positivement annoncée.* Mais il ne pouvait ignorer *que la réapparition des comètes est incertaine, parce que, étant des astres errants, en évaporation, cherchant à se fixer, ils se diminuaient dans leur marche, incertaine d'ailleurs par l'attraction des astres qu'ils rencontraient*, et par l'évaporation qui augmentait les masses des systèmes planétaires où ils allaient se refroidir, en diminuant ou dissipant entièrement l'atmosphère et le noyau de la planète.

Cette doctrine appartient à M. Laplace, *Expo-*

*sition du système du monde*, 4ᵉ édition in-8ᵒ,
tom. 1ᵉʳ, liv. 2, chap. 5, pag. 252.

« Les queues des comètes n'affaiblissent pas
« sensiblement la lumière des étoiles que l'on
« observe à travers ; elles sont d'une rareté ex-
« trême, *et leurs masses sont probablement in-*
« *férieures à celles des plus petites montagnes*
« *de la terre ; elle ne peuvent ainsi par leur*
« *rencontre avec elles y produire aucun effet*
« *sensible* (1); *il est très probable qu'elles les ont*
« *plusieurs fois enveloppées, sans avoir été aper-*
« *çues*............. Les substances évaporables
« d'une comète diminuent *à chaque périhélie ;*
« elles doivent après plusieurs retours *se dissiper*
« *entièrement dans l'espace* (2), et la comète ne
« doit plus alors présenter qu'un noyau fixe ; ce
« qui doit arriver plus promptement pour les
« comètes dont la révolution est plus courte
« (comme celle de 3 ans, 3. )........... si le noyau

(1) J'invite mes lecteurs à se rappeler cette définition
des comètes, que l'illustre auteur *contredit entièrement,*
tom. 2 , liv. 4 , chap. 4 , pag. 156 , 157.

(2) Ou cette matière des comètes remplit le prétendu vide
de l'espace, ou elle tombe dans l'atmosphère des planètes,
se joint aux nuages, et tombe en pluie avec eux, formant
de petits déluges : *car rien ne s'anéantit, mais tout*
*change de forme et de nature.*

7.

« est trop petit pour être aperçu ; ou si les sub-
« stances évaporables qui restent à la surface
« sont en trop petite quantité pour former, par
« leur évaporation , une tête de comète sensible,
« *l'astre deviendra pour toujours invisible. Peut-*
« *être est-ce une des causes qui rendent si rares*
« *les réapparitions des comètes.*

    « Peut-être encore cette cause a-t-elle fait
« disparaître pour nous la comète de 1770, qui,
« pendant son apparition , a décrit une ellipse
« *dans laquelle la révolution n'est que de cinq*
« *ans et demi ;* .......... peut-être enfin est-ce
« par la même cause que plusieurs comètes, dont
« on pouvait suivre la trace dans le ciel au moyen
« des éléments de leurs orbites, *ont disparu plus*
« *tôt, qu'on ne devait s'y attendre.* »

    Cette citation est assez claire pour justifier
mon jugement sur la comète de 3 ans, 3, et
prouver aux savants que, sans être *doctus*, on
peut les concevoir, les admirer, et, avec discer-
nement, justice et *honnêteté, observer leurs er-*
*reurs* (1). C'est pourquoi je vais faire observer
l'étonnant oubli que l'illustre auteur de l'*Exposi-*

    (1) La comète annoncée en 1773 par M. de Lalande,
et qui ne parut pas , eût dû faire annoncer le retour de
cette comète avec *des doutes motivés sur la doctrine et*
*l'expérience des savants à cet égard.*

*tion du système du monde* fait des principes qu'il vient d'émettre dans le chapitre cité, et ce dans le même ouvrage.

*Deuxième note ou observation additionnelle.*

L'on a vu dans la note précédente quelle est la doctrine de M. Laplace sur la nature et la marche des comètes. Voici comme il en parle titre 2, liv. 4, chap. 4, pag. 56 et 67. Je copie textuellement.

« Cependant la petite probabilité d'une pa-« reille rencontre ( choc d'une comète avec la « terre) peut, en s'accumulant pendant une lon-« gue suite de siècles, devenir très grande (1); il est

(1) Pourquoi ? Sur quelle base l'illustre savant fonderait-il cette plus grande probabilité par accumulation de temps ? Une semblable catastrophe s'annonce long-temps d'avance : on le voit dans la Genèse , chap. 6 , v. 15, par l'arche , le vaisseau de 300 coudées, large de 50 , haut de 30 , qui sauva Noé, sa famille, etc. Combien de temps fallut-il pour le construire ? et le vit-on construire sans l'imiter ?

Ma réflexion doit anéantir la crainte des comètes annoncées par les astronomes : une masse assez forte pour produire un déluge universel serait vue pendant bien des années à l'avance par tous les yeux : *Dieu annonce le châtiment avant que de frapper.*

« facile de se représenter les effets de ce choc
« sur la terre (1).

» *L'axe et le mouvement de rotation chan-*
« *gés* (2), les mers abandonnant leur ancienne
« position pour se précipiter vers le nouvel
« équateur (3), une grande partie des hommes
« et des animaux noyés dans ce déluge universel,
« *ou détruits par la violente secousse imprimée au*
« *globe terrestre* (4); des espèces entières anéan-
« ties ; tous les monuments de l'industrie humaine
« renversés :

 « Tels sont les désastres que le choc d'une
« comète a dû produire si sa masse a été compa-
« rable à celle de la terre (5).

( 1, 4 et 5 ) Le choc d'une comète *d'une masse égale
à celle de la terre* eût brisé les deux masses, et en ren-
versant tous les monuments de l'industrie humaine , eût
anéanti tous les animaux qui existaient sur la terre et dans
les mers. *La description est d'une vérité frappante; mais
la cause ne fut pas si terrible : c'est l'approche , et non le
choc des deux masses qui produisit le déluge :* je vais le
prouver , la citation achevée. Mais M. Laplace oublie
ici qu'il a dit, dans le chapitre précédemment cité ,
*que leurs masses sont inférieures aux plus petites mon-
tagnes de la terre :* il y a bien loin de cette comparaison
à celle de la masse de la terre.

(2 et 3) *Changés instantanément.* La terre, couverte par
les eaux froides qui ont produit le déluge, n'est pas revenue *à son état de mollesse* ( expression *de M. Francœur,*

« On voit alors pourquoi l'Océan a recouvert
« de hautes montagnes, sur lesquelles il a laissé
« des marques incontestables de son séjour; on
« voit comment les animaux et les plantes du
« midi ont pu exister dans les climats du nord,
« où l'on retrouve leurs dépouilles et leurs em-
« preintes (6); enfin on explique la nouveauté du
« monde moral dont les monuments certains ne
« remontent pas au-delà de cinq mille ans (7).
« L'espèce humaine réduite à un petit nombre

page 29, art. 22, n° 2, de son *Uranographie*), *pour se renfler sur son nouvel équateur, et s'aplatir sur ses nouveaux pôles.* C'est *la chaleur de l'approche de la comète
qui aura fondu les glaces polaires, pour en faire les
cataractes célestes,* comme l'a dit *le judicieux Bernardin de Saint-Pierre.*

(6) La terre a repris sa position; sa position remonte,
comme sa forme, à son refroidissement; *à l'instant* où
elle était *en état de mollesse,* au moyen duquel *la résultante de la projection et de l'attraction, la rotation,* lui a
imprimé sa forme, et donné la position qu'elle conservera
tant qu'elle sera solide.

(7) Réflexion qui s'accorde avec celle de Lucrèce, qui
vivait près de 3000 ans après le déluge, 2000 ans avant
nous, et qui partage conséquemment presque cette époque avec celle où nous vivons : livre 5 : « *Si notre monde
n'était pas nouveau, n'y aurait-il pas eu des poètes
qui eussent chanté les guerres antérieures à celle de
Thèbes et à la guerre de Troie.* »

« d'individus et à l'état le plus déplorable, uni-
« quement occupée pendant très long-temps
« du soin de se conserver, a dû perdre entière-
« ment le souvenir des sciences et des arts; et
« quand les progrès de la civilisation en ont fait
« sentir de nouveau les besoins, il a fallu tout
« recommencer(1), comme si les hommes eussent
« été placés nouvellement sur la terre. »

(1) Excepté *l'astronomie.* Après la plus affreuse catastrophe que pussent éprouver les hommes, ceux qui y sur-
vécurent n'ayant plus d'autre toit que le ciel, le père en-
seigna à son fils *les mouvements apparents du soleil,*
*la division de la sphère céleste et de la sphère terrestre;*
*le mouvement apparent du ciel; ceux particuliers de la*
*lune et des planètes. Il lui apprit que toutes les appa-*
*rences venaient de la terre, et que par elle on recon-*
*naissait leur réalité.*

Le besoin de se conduire, *soit le jour, soit la nuit,* fit
étudier de mémoire cette science de père en fils.

Mais ne pouvant se transmettre *que par tradition,*
elle s'altéra; *on oublia le mouvement de la terre,* et l'on
créa *le système* ancien, auquel on a donné le nom de Ptolémée, qui, le premier pour nous, a transmis ce système
écrit et détaillé.

Comment concevoir que, du déluge à *Moïse,* on eût divisé la sphère céleste, *sans connaître la sphère terrestre;*
divisé le ciel en constellations, reconnu la polaire, étudié
le mouvement des planètes, et enfin connu les conjonc-
tions de Saturne et de Jupiter arrivant tous les 20 ans,
et dont la révolution entière est de 900 ans, et ce qui

## Réflexions sur cette description du déluge et de sa cause.

Tous mes lecteurs auront observé aussi bien que moi toutes les contradictions de l'illustre astronome sur la nature, la masse et les effets des comètes sur la terre. Dans la première citation : *les comètes les plus considérables sont inférieures aux plus petites montagnes de la terre.*

Dans la seconde citation : *le choc d'une comète d'une masse égale à celle de la terre aurait*

est plus encore, d'en avoir fait, sous le nom de *trigones*, une des parties les plus remarquables de l'astrologie judiciaire?

Comme l'a dit *le savant et infortuné Bailly*, la science de l'astronomie est antérieure au déluge ; elle a été conservée et oubliée en partie.

La terre dépeuplée entièrement, l'homme n'est plus *ni agricole ni commerçant :* les fruits, la pêche, la chasse, le produit des animaux qui s'attachent aisément à l'homme et deviennent animaux domestiques, tous ces objets durent fournir abondamment à sa nourriture.

Son premier besoin alors fut donc de se reconnaître sur cette terre dévastée par les eaux, dans ses courses, et surtout dans ses courses nocturnes. L'astronomie sous ce rapport, fut le premier besoin des hommes, forcément nomades après le déluge.

Je ne poursuivrai pas plus long-temps dans cette note un sujet si abondant.

*produit l'épouvantable catastrophe du déluge!...*

Combien de millions de fois la masse de la terre contient-elle, je ne dis pas *la plus petite montagne*, mais la plus considérable, *l'Hymalaya?* Donnez à *l'Hymalaya* deux lieues de hauteur et autant en tous sens, c'est six lieues de circonférence et deux de diamètre. La circonférence de la terre est de 9000 lieues, son diamètre de 2864 : une seule zone de la terre de l'étendue de *l'Hymalaya*, multipliée par son diamètre, donnerait des millions de masses semblables!!!

Et le choc d'une comète de masse semblable à la terre les aurait brisées toutes les deux...... et d'ailleurs rien sur la terre n'eût pu résister à ce choc ?

Et que serait devenue cette planète après un pareil choc?

L'attention de l'illustre géomètre, comme celle de tous ses savants collègues, était détournée par un esprit absolument tendu sur leurs calculs: ils négligent, ils oublient les faits et leurs effets.

Sans cette distraction permanente par cette cause (1), M. *Laplace* eût-il oublié que les co-

_____

(1) Sur cette cause de préoccupation, M. Arago a raconté à son auditoire une singulière preuve. Un célèbre géomètre était mourant; on ne pouvait en avoir ni signe ni parole : un géomètre de ses amis lui dit : *Quel est le*

mètes les plus considérables n'avaient pas plus de masse que la plus petite montagne de la terre? eût-il établi un choc entre deux masses égales à la terre, et fait survivre des hommes et des animaux à l'effet d'un tel choc ?

Il y a plus d'un siècle que *Bayle* leur reprochait *que le calcul leur faisait négliger la physique.*

Mais l'illustre *Buffon* a donné *à cette vérité* les développements d'un savant géomètre et d'un savant physicien; c'est le cas de les rappeler ici.

*Premier discours sur la manière d'étudier et de traiter l'histoire naturelle.*

« Il y a plusieurs espèces de vérités, et on a
« coutume de mettre dans le premier ordre *les*
« *vérités mathématiques,* ce ne sont cependant
« que des vérités de définition; ces définitions
« portent sur des hypothèses simples, mais abs-
« traites, et toutes les vérités en ce genre ne
« sont que des conséquences composées, mais
« toujours abstraites, de ces définitions.

« Nous avons fait des suppositions, nous les
« avons combinées de toutes les façons; *ce corps*
« *de combinaisons est* la science mathématique;
« il n'y a donc rien dans cette science que ce que

carré de douze ? Aussitôt il répond : *Cent quarante-quatre.*

« nous y avons mis, *et les vérités qu'on en tire*
« *ne peuvent être que des expressions différentes*
« sous lesquelles se *présentent les suppositions*
« *que nous avons employées;* ainsi les vérités
« mathématiques ne sont que les répétitions
« *exactes des définitions ou suppositions.*

« La dernière conséquence n'est vraie que
« parce qu'elle est identique avec celle qui la
« précède, et que celle-ci l'est avec la précé-
« dente, et ainsi de suite en remontant jusqu'à
« la première supposition. ...

« *Ce qu'on appelle vérité mathématique se*
« *réduit donc à des identités d'idées, et n'a aucune*
« *réalité.....*

« Les vérités physiques, au contraire, ne sont
« nullement arbitraires et ne dépendent pas de
« nous; au lieu d'être fondées sur des suppositions
« que nous ayons faites, *elles ne sont appuyées*
« *que sur des faits;* une suite de faits semblables,
« ou, si l'on veut, *une répétition fréquente et une*
« *succession non interrompue des mêmes évé-*
« *nements fait l'essence de la vérité physique.....*

« En mathématique on suppose,
« En physique on pose et on établit;
« Là ce sont des définitions,
« Ici ce sont des faits.....
« Dans les premières *on arrive à l'évidence,*
« Dans les dernières *à la certitude.*

. . . . . . . . . . . . . . . . . . .

« C'est ici où l'union des deux sciences mathé-
« matique et physique peut donner de grands
« avantages; *l'une donne le combien, et l'autre*
« *le comment des choses.....*

« Cette union des mathématiques et de la phy-
« sique ne peut se faire que pour un petit nombre
« de sujets; il faut pour cela que les phénomènes
« que nous cherchons à expliquer soient suscep-
« tibles d'être considérés d'une manière abstraite,
« et *que de leur nature ils soient dénués de presque*
« *toutes qualités physiques, car pour peu qu'ils*
« *soient composés, le calcul ne peut plus s'y ap-*
« *pliquer.*

« La plus belle et la plus heureuse application
« qu'on en ait jamais faite est au système du
« monde.....

« *On peut sans se tromper faire abstraction*
« *de toutes les qualités physiques des planètes,*
« *et ne considérer que leur force d'attraction;*
« leurs mouvements sont d'ailleurs les plus régu-
« liers que nous connaissions, et n'éprouvent
« aucun retardement par la résistance. (Non,
« parce que la résistance est régulière comme la
« cause qui entretient leur mouvement. Il n'en
« est pas de même des résistances accidentelles et
« perturbatrices.)

« Tout cela concourt à rendre l'explication
« du système du monde un problème de mathé-

« matiques, *auquel il ne fallait qu'une idée phy-*
« *sique heureusement conçue* pour *le réaliser;*
« et cette idée est d'avoir pensé *que la force qui*
« *fait tomber les graves à la surface de la terre*
« pourrait *bien être la même que celle qui retient*
« *la lune dans son orbite.* »

En traitant de la cause des marées par pression, effet de l'attraction réciproque du soleil,
de la terre et de la lune, je prouverai que les
calculs des savants sur l'heure de la pleine mer
s'appliquent également à leur supposition et à
la mienne qui lui est opposée.

Par la leur, les eaux s'élèvent vers la lune et
le soleil.

Par la mienne, la lune, rapprochée de la terre,
presse son atmosphère et l'Océan, le déplace, et
ses eaux se déversent sur ses bords, comme fait
la Seine quand le bateau à vapeur se fraie un
chemin dans ses eaux qu'il déplace.

La terre, se rapprochant du soleil, produit le
même effet, mais moins sensible, à cause de son
grand éloignement.

Que mon système *prévaille ou ne prévaille pas
sur celui des savants,* il n'en prouve pas moins
ce qu'a développé *Buffon, que le calcul n'était
qu'une évidence,* puisque le même calcul s'ap-
pliquant de même *à des faits opposés,* il les
prouve également l'un et l'autre, et cependant

il n'y en a qu'un de vrai. *Il n'est donc preuve ni pour l'un ni pour l'autre, l'étant pour les deux.* Mais si la physique prouve ma supposition, et repousse celle *antiphysique* des savants, c'est la mienne qui doit triompher, et à laquelle doit s'appliquer *l'évidence de leurs exacts calculs.* Mais terminons d'abord le sujet qui m'occupe; revenons au déluge.

Ce n'est pas par le choc d'une comète, comme l'a pensé M. Laplace, mais par l'approche d'une comète, que les glaces des pôles se seront fondues et auront inondé la terre par le débordement de l'Océan, et par les pluies auxquelles se seront jointes les matières en évaporations brûlantes de la comète, refroidies et changées en vapeur et en eau. Le noyau de la comète lui-même se sera refroidi et brisé, et aura tombé sur la terre en aérolites, dans les eaux du déluge, son ouvrage.

Je ne fais *qu'une hypothèse*, mais je lui crois autant de probabilité qu'aux autres.

Pour en donner davantage, examinons la forme et la nature des pôles de la terre, toutes deux inconnues.

### Forme et nature des pôles de la terre.

La terre en état de *mollesse* (expression de M. Francœur) a dû s'aplatir sur ses pôles, et se renfler sur son équateur.

Sa surface se solidifiant entièrement, les eaux évaporées loin du noyau, comme celle des comètes, se seront abaissées sur cette surface refroidie, et y auront occasionné diverses révolutions (comme l'explique M. Seitz), en pénétrant de sa surface dans son intérieur encore brûlant.

Les eaux auront comblé les vallées que ces révolutions auront formées plus grandes et plus profondes, en s'approchant de l'équateur près duquel sont aussi les plus hautes montagnes.

Les pôles n'ont donc que peu de mers, et des mers peu profondes.

L'opinion générale des savants et de tous les géographes est cependant que *des eaux, des mers glaciales* recouvrent les pôles. Tout indique que cette opinion est une erreur, et je crois pouvoir le prouver et le démontrer très positivement.

Et en faisant encore disparaître cette erreur, je crois rendre un nouveau service aux sciences, et particulièrement *à la géographie physique*, la plus essentielle, puisque la géographie politique change par l'effet des convenances ou de la force, toujours variable, jamais stationnaire. C'est la partie de la géographie la moins étudiée, parce qu'on a pris pour *géographie physique*, l'histoire naturelle de la terre. Buffon seul ne s'y est pas trompé. Mais ce n'est pas à cette partie de son ou-

vrage, *qui amplectitur omnia*, que l'on s'était
attaché : elle paraissait trop simple.

L'eau salée de la mer ne gèle pas ; si elle gelait,
pourquoi Cook, dans l'été du sud, aurait-il
trouvé les glaces tout autour du pôle de cet hémisphère à 60° de latitude; et qu'il aurait pénétré
dans une mer ouverte, vis-à-vis l'île de Mada-
gascar, jusqu'au 68° de latitude ou deux cents lieues
plus près du pôle que les glaces qui l'arrêtaient ?

Pourquoi aurait-il pénétré à l'ouest de la Terre-
de-Feu, dans la mer Pacifique, à travers une autre
mer ouverte, jusqu'au 71° latitude, deux cent
soixante-quinze lieues plus avant que les glaces
qui entourent le pôle ?

Pourquoi des navigateurs se sont-ils avancés
dans l'océan Atlantique, dans l'été du nord,
jusqu'au 83° de latitude, et que des baleiniers
ont été plus loin ; qu'il y en a même qui ont prétendu avoir dépassé le pôle ; et que le capitaine
*Pari*, entré dans un bras de la baie *de Baffin*,
n'aurait pu pénétrer que jusqu'à 110° de longitude occidentale du méridien de Greenvich et
74° de latitude nord ?

Pourquoi Cook dans les mers du pôle sud, où
nous avons dit qu'il avait pénétré jusqu'à près
de 300 lieues en avant de la coupole des glaces
qui l'avaient arrêté à 60°, voyait-il partout, dans
l'éloignement, des plaines de glaces encadrées

dans des montagnes de glaces plus hautes que toutes celles du continent ?

La raison en est simple : la même mer qui gèle à 60°, n'est pas libre à 71° ; ce fait prouve que l'eau de la mer ne gèle pas ; que c'est un vaste continent que recouvrent ces glaces ; continent composé de montagnes et de plaines. Les bords des deux mers ouvertes sont gelés , parce que leurs eaux sont dessalées, comme celles de tous les rivages de la mer, par les eaux douces des fleuves , et ici de plus encore par les eaux des glaces fondues qui y coulent de toute part.

L'océan au nord est ouvert jusqu'au 83° et plus loin encore ; et le capitaine *Pari* a été arrêté par les glaces à 74° : mais c'est dans un bras de la baie de Baffin, canal étroit et peu profond, dont les eaux sont dessalées par les glaces fondues, ce qui prouve ce que j'ai dit plus haut.

Et la baie d'Hudson, au-dessous de la baie de Baffin, qui s'étend vers le midi jusqu'au 50° de latitude nord ; tous ses bras sont gelés, et une partie de cette mer intérieure conserve les glaces toute l'année.

C'est un continent recouvert de glaces qui rend l'hémisphère sud aussi froid.

Et sans ce continent recouvert de glaces, l'hémisphère sud ayant beaucoup plus d'eau et moins de terre , ne pourrait balancer l'hémisphère nord; *c'est le poids du peson éloigné du point d'appui*, qui acquiert, par cet éloignement, la pesanteur qu'il n'a pas réellément. Aussi *M. de la Caille*, qui a mesuré le degré du méridien au cap de Bonne-Espérance, l'a trouvé de plusieurs toises plus grand que le degré correspondant du même méridien au nord : l'axe s'allonge dans l'hémisphère sud, et le diamètre y est plus petit que celui de l'hémisphère nord.

Une partie de ces montagnes de glaces qui, par la résultante des forces centripète et centrifuge, montent se fondre vers l'équateur, prouvent encore le fait que j'observe.

Les navigateurs sont étonnés de voir ces glaces s'enfoncer dans la mer, quand elles ont considérablement diminué en largeur, longueur et hauteur; quand, par conséquent, elles seraient devenues plus légères, si elles n'étaient que glaces.

Mais je ne sais quel auteur a très bien éclairci ce fait. Les fontes des glaces élèvent la mer : l'eau presse en tout sens les glaces. En s'élevant elle tend à soulever la glace ; mais elle est attachée par quelques parties à la terre gelée, ne faisant qu'une masse avec la glace. Mais l'eau, s'élevant toujours, arrache cette terre gelée de sa partie de terre non gelée; et alors cette terre attachée à la glace sert *de lest* à ces îles de glaces flottantes. Mais quand la surface de ces glaces n'est

8.

pas assez étendue pour supporter son lest, le lest entraîne la surface dans le fond de la mer, ce qui prouve que ces plaines et ces montagnes de glaces entourent une mer ouverte, et ne sont qu'un continent ou des îles recouvertes par ces glaces.

Mais après avoir prouvé, je crois, que les mers glaciales ne sont que des continents ou des îles recouvertes de glaces, prouvons quelle immense quantité d'eaux elles fournissent à l'océan, et que c'est avec raison que *Bernardin de Saint-Pierre* les en a appelées *les sources*.

Sans compter les îles innombrables et les archipels couverts de glaces dans l'été de l'hémisphère sud, depuis le 5o° de latitude de cette partie de la terre jusqu'à 60°; n'examinons que cette coupole de 4o° de rayon jusqu'au pôle, et par conséquent de 8o° de diamètre, excepté les deux mers ouvertes où a pénétré Cook.

Quand un géomètre arpente un pays de montagnes, par l'effet du cadastre ou d'un partage, il en fait la planimétrie, parce que toutes les plantes s'élevant verticalement, le cône ne peut en contenir davantage que la surface plane de sa base. Mais il n'en est pas de même *de ce cône recouvert de glaces;* toutes les parties en sont couvertes, et elles s'accumulent en s'élevant; de sorte que le sommet en contient bien plus que la base.

Or, les eaux que fournit chaque pôle à l'océan sont incalculables, et infiniment supérieures à toutes celles que lui portent tous les fleuves : aussi est-ce aux équinoxes, et surtout à l'équinoxe du printemps où le pôle comme ce à perdre la vue de ce soleil qui les fond, qu'il y a le plus d'eau dans la mer, et que les marées sont plus hautes. (Observation de *Bernardin de Saint-Pierre.*)

C'est par la fonte alternative des glaces des pôles que le soleil entretient l'équilibre de la terre (comme l'a dit encore l'ingénieux observateur *Bernardin de Saint-Pierre*); et j'ajoute, ce qui est plus positif que les calculs de *M. Laplace* sur le même sujet : *l'équateur de la terre ne peut se réunir avec l'écliptique, car alors il perdrait ses moyens d'équilibre, et les sources des mers, et par conséquent des rivières, puisque les rivières ne sont entretenues que par l'évaporation.* La terre deviendrait sans eaux, comme la lune, et pour *se soutenir dans l'espace, elle manquerait d'un appui semblable à celui qu'elle donne à la lune privée de rotation, comme elle le serait elle-même si elle n'avait plus de mers.*

Cette digression *sur la nature et la forme des pôles* ne sera point inutile aux observations qui suivront, *sur la cause des marées.*

Terminons celle-ci en revenant aux comètes,

cause de cette digression, pour prouver que les
comètes en évaporation brûlante, s'approchant
des pôles, en font fondre les glaces, et qu'une
partie de leurs substances évaporées se joint à
celles des glaces polaires évaporées, et pro-
cure à la terre de petits déluges comme cette
année 1829, et comme en 1816, etc.; et qu'une
comète plus considérable en a dû procurer
de plus considérables ; que la terre perdant
quelques instants son équilibre, *et ayant un mo-*
*ment d'inertie, ses eaux se nivelleraient, et les*
*eaux élevées de quatre lieues sur l'équateur cou-*
*vriraient les pôles et toutes les zones tempérées.*

Mais pour rassurer les hommes sur l'approche
d'une comète semblable à celle qui a produit le
déluge, je raisonne *d'après l'Ecriture et je cite* : la
Genèse, ch. 6, v. 14. « *Dieu dit à Noé* : Faites-
« vous une arche de pièces de bois aplanies.
« Vous y ferez de *petites chambres*, et vous l'en-
« duirez de bitume en dedans et en dehors.

« V. 14. Sa forme sera *de* 300 *coudées de lon-*
« *gueur, sa largeur de* 50, *et sa hauteur de* 30.

« V. 16. Vous ferez à l'arche une fenêtre, le
« comble qui la couvrira sera *d'une coudée* ($\frac{1}{25}$
« de sa largeur des deux côtés du sommet); vous
« mettrez la porte de l'arche à côté, *vous ferez*
« *trois étages.*

« V. 21. Vous prendrez aussi avec vous pour
« servir à votre nourriture. »

Voilà un très grand vaisseau *à trois ponts*.
Tous les yeux l'ont vu. Combien d'années a-t-on
resté à le construire? combien d'ouvriers y a-t-il
été employé?

Une comète qui produirait un second déluge
s'annoncerait donc aussi par elle-même; Dieu
menacerait par sa vue avant que de frapper.

Cela vaut mieux que les probabilités de l'illustre géomètre, qui sortent de la sphère de ses
connaissances, qui ne sont basées sur rien, *ni sur
fait, ni sur calcul,* et cela doit rassurer les
hommes contre les prédictions des comètes.

Une recherche plus importante, *quoique hypothétique,* serait:

1° D'où viennent les comètes?

2° Qu'est-ce qui évapore leur substance?

3° Où va cette évaporation qui peut dissiper
toute la comète?

4° Quels effets doivent produire sur les grands
astres fixes, tels que la terre, ces comètes qui les
enveloppent sans être aperçues par les habitants
de ces grands astres?

Je vais essayer de répondre à ces questions que
m'ont fait poser la description du déluge par
*M. Laplace,* et ses observations antérieures *sur
la nature des comètes.*

Premièrement. Je pense avec ces deux grands hommes, *Newton* et *Laplace*, que le soleil est un corps solide en état de combustion ou d'ignition.

Je pense avec Buffon que les planètes viennent du soleil, mais non par l'effet de la chute d'une comète sur le soleil; mais par ses éjections perpétuelles qui lui font éjecter encore les comètes, parce que la masse de ses éjections diminue avec sa propre masse dont elles ne sont que les débris.

Cherchant toujours l'analogie dans mes hypothèses, je compare le soleil à une bûche de châtaignier mêlée au bois de chêne que me vend le marchand de bois; les nombreuses étincelles de cette bûche, si elles tombent sur mes vêtements, les brûlent.

Certes elles conservent bien plus long-temps leur chaleur que ce globe d'un pied cube ( comparaison de M. le baron Fourier) de substance pareille à la terre, refroidi en une seconde.

Et combien de milliards de comètes pareilles même à la plus haute montagne de la terre peut éjecter le soleil dans un an? en divisant une zone de la terre de deux lieues de largeur *en cubes de deux lieues,* on en aurait des millions de millions!

Si, comme l'a dit M. Laplace, le soleil est dans un état continuel d'effervescence, il éjecte des matières : que deviennent ces matières, si ce ne sont les comètes ?

Deuxièmement. Cette évaporation lumineuse de la comète, sans être enflammée, est entretenue par l'incandescence du noyau ; en se refroidissant, il refroidit son atmosphère qui cesse d'être visible (1).

Troisièmement. La substance de cette évaporation, en se condensant et se dissipant, se perd dans les systèmes des planètes où elle pénètre.

Le noyau entré dans le système des planètes doit s'y dissiper ou s'y condenser, se briser et tomber en aérolithes sur la surface de la planète dans l'atmosphère de laquelle il a pénétré.

Telles sont les parties principales des observations (étrangères à la cause de cet écrit) que m'ont fait faire les passages cités du savant ouvrage de M. Laplace. J'ai cru devoir les faire

---

(1) La queue ou l'auréole lumineuse des comètes prouve qu'il n'y a point de vide dans l'espace. N'est-ce pas une substance plus matérielle que cette atmosphère de la comète, qui la condense, qui lui donne cette forme allongée et arrondie autour du noyau, comme l'air condense encore la flamme de ma lampe et toutes les flammes ?

Savants, moins de calcul et plus d'analogie : mais vous seriez compris de tout le monde, votre science ne serait pas renfermée dans l'arche du mystère.

connaître. On peut les rectifier; elles peuvent en faire naître de préférables, de plus profondes, de plus savantes. Une école *éclectique* accueillera toujours toutes les opinions scientifiques, même en les rejetant, même en en démontrant les erreurs; elle dira, *nous ne pouvons l'adopter :* mais elle n'approuvera pas le rapporteur qui dira, *elle ne mérite pas de vous occuper :* elle jugerait alors le rapport et l'ouvrage.

### *Cause des marées.*

« La mer s'élève et s'abaisse deux fois dans « chaque intervalle de temps compris entre deux « retours consécutifs de la lune au méridien su- « périeur. » *Exposition du système du monde,* liv. I<sup>er</sup>, chap. 15, pag. 145.

Ces effets d'élévation et d'abaissement de la mer ne s'aperçoivent pas en pleine mer, mais seulement sur ses bords.

Cependant rien n'est moins exact que de dire que *la mer s'élève et s'abaisse sur ses bords ;* elle est grossie par l'eau qui vient *du sud-ouest* (sur nos côtes) envahir ses bords; *c'est plutôt une chute de sa surface plus élevée sur ses bords plus abaissés.*

Je vois en petit, mais très exactement, tous les jours sous mes fenêtres, à la pointe occidentale de l'île Saint-Louis, le même phénomène *d'élévation* ou de *grossissement* et *d'abaissement momentané* sur les bords de la Seine par le passage du bateau à vapeur, se frayant un chemin à travers les eaux de la Seine qu'il déplace, et qui se rejettent sur ses bords après son passage seulement, *le flot allant toujours en augmentant, et ensuite toujours en décroissant.*

L'influence de la lune et du soleil sur les marées ne peut être regardée comme une simple évidence; c'est un *fait*, pour celui qui l'observe attentivement par ses yeux et sa raison.

Mais comment ces deux astres produisent-ils ces effets sur l'océan? On ne peut être divisé que sur le mode de leur action.

Les savants disent : *par l'attraction.*

Il ne peut y avoir encore de doute *que dans la manière dont agit l'attraction.*

Ne pouvant admettre de vide entre les astres, *l'attraction les rapproche*; le soleil, et plus encore la lune, comme étant quatre cents fois plus rapprochée, foulant, déplaçant les fluides de l'atmosphère et le liquide de l'océan, et faisant fluer les eaux de la surface de son courant sur ses bords. Voilà mon opinion.

L'opinion des savants est que *l'attraction* élève vers ces astres, en passant au méridien supérieur, *plus l'atmosphère que les eaux de*

*l'océan , plus ces dernières que la terre , et qu'en
élevant cette dernière , celle-ci laisse en arrière
les eaux de la mer du méridien inférieur, ce qui
opère la seconde marée.*

Je vais tâcher de faire triompher mon système
*d'attraction et de pression par les faits, l'ana-
logie et le raisonnement.*

Ma tâche est grande ; j'ai pour moi la *raison* :
mais contre moi *l'habitude, le nombre, l'autorité
savante* ; et par conséquent la force qui gouverne
en tyrannisant trop souvent *la raison, la physique et les yeux.*

Après avoir établi la différence qui existe
entre les savants et moi, sur l'effet de l'attraction
produisant les marées, voici les observations que
j'ai faites sur ce phénomène *à Dieppe, à Fécamp
et au Havre.*

*Observations des marées à Dieppe et au Havre.*

J'arrivai à Dieppe en septembre 1822, je vis
pour la première fois l'océan.

1° Ce qui me frappa le plus, ce fut le tertre
vert qui termine vers l'ouest la vue de la partie
de la pleine mer qu'on peut voir du rivage :
car en montant sur le plateau supérieur à la
citadelle, la vue s'étend bien davantage.

De ce tertre vert, la mer descend en amphi-
théâtre vers le rivage. Je me dis aussitôt : *voilà
le premier courant de la grande rivière bien plus
élevé que ses bords.*

L'idée me vint d'en mesurer la hauteur. Je me
procurai un niveau à bulle d'air et des cartes
pour l'élever ou l'abaisser. Je le plaçai dans un
des trous du pivot attaché sur la jetée pour re-
tirer les bâtiments qui s'échouent, et je remis ma
canne à un des vieux marins qui sont toujours
sur la jetée, pour me servir de jalon.

Cette manière de mesurer sans précision était
suffisante pour me donner un approchant de l'é-
lévation de ce tertre sur les bords de la mer. Sa
hauteur était de deux pieds et demi au-dessus du
parapet de la jetée; et du parapet au bas de la
jetée, et de la jetée au bord de la mer, la hauteur est au moins de 30 pieds, ce qui donnerait
33 à 34 pieds de hauteur à ce tertre vert, et à
ce premier courant de l'océan sur ses bords.

Semblable opération répétée au Havre donnerait dix ou onze pieds de plus d'élévation au
tertre vert ou au premier courant de l'océan sur
le rivage.

2° Un faible ruisseau (du moins au moment où
je l'ai vu) appelé *rivière*, et nommé *la Béthune,*
traverse le bassin du port de Dieppe où elle tombe,

suit le canal par où entre la marée, qui est son lit, pour se jeter dans la mer.

3° J'ai observé trois espèces de vagues.

La première continuelle, mais variable d'aspect et d'intensité, vient avec bruit couvrir une partie du rivage, mais elle le découvre aussitôt avec le même bruit : C'est l'effet du vent.

La seconde est celle de la marée montante qui vient avec moins de bruit couvrir le rivage, et demeure fixe où elle est parvenue; la seconde couvre la première, s'élève davantage sur le rivage et reste. Voilà comme s'élève la marée sur le rivage évasé.

La troisième est celle de la vague descendante, autrement dite *le jussan;* la vague qui suit s'élève toujours moins que celle qui précède, jusqu'à ce que la mer soit revenue dans ses propres limites.

Aussi quand le vent est contraire à l'une ou l'autre marée (je ne l'ai jamais vu autrement), il couvre le flot de la marée montante, mais le flot qui suit couvre le flot ou la vague du vent, si elle n'est pas retirée, parce que le flot qui succède à celui du vent monte plus haut que ce dernier. La vague de la marée descendante est au contraire toujours couverte par celle du vent, parce que c'est elle qui rétrograde; la vague du vent s'élève par l'effet de la vague ascendante, et s'abaisse par l'effet de la vague descendante :

la marée est la cause dont la vague du vent n'est que l'effet dans son ascension et descension; il suit donc la cause *d'ascension et de descension*, et ne peut la précéder.

La vague du vent est une oscillation plus ou moins fougueuse, dont la cause est étrangère à la marée.

La vague du flux est constamment ascendante.

La vague du reflux ou jussan est constamment descendante.

4° La marée pénètre lentement dans le port, mais quoique ennuyeuse par sa lenteur, son entrée mérite d'être observée.

Le port de Dieppe assèche comme tous ceux de la Manche. Il n'a d'eau, quand la marée est entièrement retirée, que celle de *la Béthune* qui, à l'époque où je l'ai vue, n'avait pas deux pieds de largeur et dix pouces de profondeur.

La marée entre par un côté de la rivière et la pousse vers l'autre. Ce n'est qu'un filet d'eau plus élevé que la rivière qui garde son lit; le flux gagne l'autre côté de la rivière, mais sans couvrir son courant opposé à celui de la marée.

La marée reste bien une heure pour arriver ainsi jusqu'au milieu du bassin; mais alors son courant devient plus fort de plus en plus, et elle remplit tout le fond du port.

Ici se voit un phénomène visible tous les jours,

et que je n'ai vu rapporter dans aucun ouvrage.

La Béthune tombe dans le port de huit ou dix pieds de hauteur.

Tant que la marée n'a pas atteint la paroi du port d'où la rivière tombe, elle coule au fond du port plus basse que la marée. Mais aussitôt que la marée est parvenue à cette partie de l'enceinte, le lit de la rivière coule sur la marée; et comme l'enceinte du port est plus élevée que le vrai lit de la Béthune, d'où elle tombe dans le port; quand la marée est parvenue à la hauteur de la chute de cette rivière, elle la couvre entièrement, et cette rivière coule *portée, couverte, encaissée, cachée* de toutes parts par l'eau de la marée montante (1).

(1) Ce phénomène prouve l'opinion émise par *M. Arago* au commencement d'une séance sur la fin d'un de ses cours, et sur une lettre de ma part. Il en était aux marées et aux divers courants de l'océan. Par ma lettre, je lui observais que *nécessairement les eaux des pôles se portaient vers l'équateur.*

Loin de combattre mon opinion, il dit : *Mais pourquoi ces courants de glaces fondues n'iraient-ils pas vers l'équateur sous la mer, qui ne conserve que* 4° *de chaleur, tandis que la terre intérieure devrait lui en communiquer davantage.* Je répète très mal l'opinion du savant professeur, que je ne pouvais que noter à la hâte, et que je ne cite que par mémoire : mais le phénomène *de la Béthune* me prouve que les courants de la Médi-

Je n'ai point songé à observer comment elle sort
du port, sa direction étant la même que la marée
descendante : mais elle doit couler à découvert
sur l'eau du reflux et s'abaisser avec lui, *jusqu'à
ce que sa chute sur le sol du bassin* devienne
pour elle une nouvelle source : *alors reprenant
son lit sur le bassin, elle sera encore recouverte
par l'eau du reflux jusqu'à ce qu'il soit descendu
au niveau de son courant.*

Au Havre, on ne voit la Seine que des jetées.
Elle est séparée du Havre par un étroit coteau,
qui devait faire de la position du Havre *un sinus*
de la rade dont on aura fait un port divisé en
plusieurs bassins en comblant ce *sinus*.

Malgré la pluie, j'ai été sur les bords de cette
rivière pour observer la marée montante.

On donne à la Seine, à son affluent dans la
mer, deux lieues de largeur. Sa convexité est
très saillante, et le sommet de son courant marqué par un tertre vert, comme le premier courant aperçu de la mer.

La marée gagne des deux côtés de la convexité
de la rivière. On dit qu'elle couvre toute la ri-

terranée et des rivières finissent par s'encaisser dans la
pleine mer, plus haute que les courants des rivières; et
que les fontes des glaces doivent avoir des courants au
fond de la mer, sur la mer, et encaissés dans la mer.

9

vière : cela doit être, la rivière n'a pas de chute perpendiculaire, et sa masse contre-balance celle de la marée ( c'est pourquoi l'océan couvre l'affluent de la Méditerranée à Gibraltar ). La pluie froide et considérable qui tombait ne me permit que de voir commencer le flux.

Après avoir rappelé et précisé aussi succinctement que je l'ai pu les effets de la marée, sans parler de ses rapports avec les mouvements apparents de la lune et du soleil ( les retours des marées sont dus au mouvement réel de la terre), parce que ce sont des faits incontestables, remarquons comment ces astres agissent sur *l'atmosphère terrestre, sur les mers et sur la terre.*

A cet effet, examinons d'abord le système des savants sur les marées, et opposons-lui les motifs qui me le font rejeter et qui établissent le mien *sur des faits positifs.*

### Système des savants sur les marées.

Partisan de *l'éclectisme*, j'extrais le commencement de ce système *du Traité élémentaire d'astronomie physique de M. Biot*, 2ᵉ édition in-8°, tom. II, pag. 539 et suivantes.

« Deux fois par jour (entre deux retours du « méridien sous la lune ), l'océan se soulève et « s'abaisse par un mouvement d'oscillation ré- « gulier......

« Les mouvements de la mer peuvent être
« augmentés par l'action des vents, mais ils ne
« leur doivent pas leur existence......

« Leurs périodes sont si réglées et si constantes,
« qu'en examinant les phénomènes du flux et re-
« flux de la mer, on trouve dans leurs plus petits
« détails des rapports marqués avec les conjonc-
« tions de la lune et du soleil ; l'influence de la
« lune y est surtout sensible.

« On peut donc regarder cette action de la
« lune, *quelle que soit sa nature,* comme une vé-
« rité incontestable. »

*Mon opinion sur cette action de la lune.*

Je la considère de même que l'auteur ; mais
j'affirme que l'action de la lune est l'attraction,
occasionnant une plus grande pression quand
chaque méridien de la terre passe perpendiculairement sous cet astre par l'effet de la rotation
de la terre.

L'attraction du soleil opère le même effet,
avec cette différence que la terre tend à tomber
sur le soleil, tandis que c'est la masse de la lune
qui tend à tomber sur celle de la terre.

Et loin que la lune élève les eaux de terre,
c'est en les pressant que ce fluide, presque in-
compressible, se gonfle légèrement contre la partie de l'atmosphère pressée, qui presse à son

tour les eaux et les force de fluer vers le rivage
abaissé. Ce dernier mouvement n'a lieu qu'après
la pression opérée, car, tant que la pression
dure, la résistance des eaux, élevées contre cette
atmosphère qui presse, dure aussi. Ces effets
peuvent se voir tous les jours par la marche du
bateau à vapeur ou de tel autre bateau remontant la rivière ; mais la résistance de l'eau est
plus saillante contre les parois du bateau à vapeur, ainsi que le flux et le reflux opérés sur le
rivage après son passage.

Voilà la différence de mon opinion avec celle
des savants. La mienne est naturelle, basée sur
leurs principes de physique et sur les lois méca-
niques de la nature. La leur est en contradiction
avec leurs principes et avec les lois de la nature ;
mais elle est extraordinaire ; elle leur paraît d'accord avec leurs calculs.

Mais mon opinion s'empare avec avantage de
ces calculs, puisque alors ils s'accordent avec
leurs principes et ceux de la nature, avec les faits
visibles en un mot.

Et tout le monde peut concevoir ce que je dis
en prenant sa tasse à café. La tasse est pleine. Celui
qui va la prendre y met du sucre ou sa cuiller :
l'une ou l'autre déplace le liquide par son volume, et le volume déplacé, après avoir surpassé
les bords de la tasse, coule en dehors le long de

ses parois dans la soucoupe, dont ils exhaussent le liquide sur les bords évasés du large vase. Voilà les marées, par la pression de la surface de la mer; action de la lune qui presse l'atmosphère, pressant à son tour les eaux sans pénétrer dedans, comme la cuiller et le sucre dans le café.

M. Biot ajoute : « Ceci ( l'action de la lune et « du soleil ) doit s'entendre d'une mer très éten- « due, comme l'océan. »

Erreur manifeste.

Je suis d'accord avec tout ce qu'a dit précé- demment ce savant, puisqu'il a mis cette restric- tion à l'action de la lune, *quelle que soit sa nature.*

Mais j'en diffère ici fortement ; les faits sont entièrement opposés à cette assertion générale- ment professée toujours *par erreur d'habitude*, qui empêche l'observation particulière : *l'on croit alors de confiance, sans observer.*

1° La mer Pacifique est la mer la plus étendue, et c'est celle où les marées sont les plus basses ; les plus hautes n'allant guère qu'à 3 pieds d'élé- vation. Et aux bornes de cette mer et de l'Atlan- tique, au cap Horn et au cap de Bonne-Espé- rance, où ces mers sont les plus ouvertes, et au-delà. Elles ne sont bornées, à l'est et à l'ouest, par aucun continent ; les marées sont insensibles ; tandis que dans l'hémisphère nord de l'Atlantique , où la mer est très rétrécie, les marées s'élèvent jusqu'à 48 pieds.

Voilà une première preuve absolument décisive de l'erreur que je remarque.

Mais portons un examen plus attentif sur l'étendue de ces mers, sur la masse des eaux qu'elles contiennent, et sur les causes accessoires qui rendent les marées ou plus fortes ou plus faibles, insensibles ou sans effets.

1º Prenons l'étendue moyenne de la mer Pacifique et de l'Atlantique sur l'équateur, puisque leur moindre largeur est au nord , et leur plus grande au midi.

La mer Pacifique a , du Pérou au méridien qui borne les terres de la Chine à l'est, 160º de longitude ou 4,000 lieues.

L'Atlantique, de l'Afrique au continent de l'Amérique, sur l'équateur, a 50º ou 1250 lieues. Il n'a donc guère qu'un quart de l'étendue de la mer Pacifique , et cependant les marées y sont seize fois plus considérables ( de 3 à 48 pieds d'élévation ).

2º Mais ce que les savants me paraissent n'avoir jamais observé, c'est que l'Atlantique, qui n'a qu'un quart d'étendue de la mer Pacifique , renferme quatre fois plus d'eau ; ce qui est aisé à prouver.

Observons d'abord au nord les eaux qui entrent dans ces deux mers : partons du méridien de Paris.

*Premièrement.* En commençant par l'Atlantique, à partir du cap Taimour, en Sibérie, qui est à 110° de longitude orientale du méridien que nous avons pris pour point de départ, toutes les eaux du pôle nord tombent dans cette mer.

*Secondement.* A l'est de la chaîne de montagnes qui divise l'Amérique du nord au sud à 160° de longitude occidentale, toutes les eaux du pôle nord et des mers intérieures, ainsi que des rivières du continent de l'Amérique à l'est de cette chaîne de montagnes qui partage cette partie du monde, coulent toutes dans l'Atlantique, ainsi que celles de l'ancien continent. La Baltique, qui reçoit tous les fleuves de la Russie d'Europe ; et la Méditerranée qui reçoit les eaux de la mer Noire, qui a reçu toutes les rivières à l'ouest du Caucase et des montagnes de l'Arménie et de la Méditerranée, reçoivent encore le Nil sortant des montagnes de l'Abyssinie. Et les rivières les plus considérables du monde, l'Orénoque et l'Amazone, arrêtées par le prolongement des terres du Brésil au sud, sont forcées de remonter vers le nord de cette mer à l'ouest, pour redescendre vers le midi à l'est, vis-à-vis les côtes d'Allemagne, de France, d'Espagne, etc.

Au sud, la mer où est entré Cook jusqu'au 68°, a un courant qui passe dans l'Atlantique, à l'ouest du cap de Bonne-Espérance.

Et de même, la mer où ce navigateur a pénétré jusqu'au 71° sud, a un courant qui entre dans l'Atlantique à l'ouest du cap Horn, et qui remonte vers les côtes du Brésil.

Donc l'océan Atlantique, quoique bien moins étendu que l'océan Pacifique, reçoit et contient beaucoup plus d'eau.

Donc ce n'est pas à l'étendue des mers que sont dues les marées :

1° Puisque l'océan Pacifique est plus étendu que l'océan Atlantique, où les marées s'élèvent jusqu'à 48 pieds, tandis qu'elles ne vont qu'à 3 pieds d'élévation dans l'océan Pacifique.

2° Puisqu'au midi, où l'océan Atlantique et l'océan Pacifique sont les plus étendus, les marées sont insensibles, et qu'elles sont très fortes au nord, où ces deux mers sont très resserrées;

3° Puisqu'elles sont sensibles dans la Méditerranée, vis-à-vis les bouches du Rhône, et dans l'Adriatique, mer très étroite.

Ce sont les *courants montants à l'équateur, par la résultante des forces centripète et centrifuge, arrêtés par la pression de la lune, quand, par l'effet de la rotation de la terre, chaque méridien de cette dernière passe verti-*

calement sous son satellite, qui occasionnent les
marées, par la rétrogradation des eaux déplacées du courant, qui tombent sur le rivage
abaissé.

Mais la cause des erreurs des savants à l'égard
des marées, c'est toujours le système de Ptolémée, qui tend à leur faire *oublier la mobilité de
la terre*, en croyant qu'ils n'ont besoin que d'observer celle des astres.

Fixons d'abord toujours les principes, même
ceux que je n'adopte qu'avec modifications,
comme celui-ci : *Exposition du système du
monde*, tom. II, pag. 144.

« Une molécule de la mer, placée au-dessous du
« soleil, en est plus attirée que le centre de la
« terre. Elle tend ainsi à se séparer de sa surface;
« mais elle y est retenue par sa pesanteur, *que
« cette tendance diminue.*

« Un demi-jour après, cette molécule ( de la
« mer ) se trouve en opposition avec le soleil
« *qui l'attire plus faiblement que le centre de
« la terre ; la surface du globe tend donc à s'en
« séparer.* »

Il serait trop long ici de suivre l'illustre géomètre; il suffit de dire *que la molécule de la mer
sous le soleil est élevée plus que la terre par
l'attraction*, première cause de la première
marée.

Cette molécule est moins élevée quand elle est au méridien inférieur, et par là cachée à la lune par la terre *perpendiculairement*. Alors la terre élevée laisse *cette molécule d'eau* en arrière ; elle devient donc plus élevée que la terre qui l'abandonne : *voilà la cause de la seconde marée*.

Mais par la première attraction, *la molécule d'eau* au méridien supérieur produit la marée, laissant la terre moins attirée ; quand cette molécule est au méridien inférieur, la terre est aussi moins attirée *que la molécule d'eau, opposée à la première qui est au-dessous*. Alors l'élévation de la terre étant moins grande que celle de la molécule d'eau, quand celle-ci était au méridien supérieur, la seconde marée devrait être infiniment faible, puisqu'elle ne dépendrait que de l'élévation de la terre, infiniment moindre que celle des eaux ; car, autrement, l'élévation de l'eau ne serait pas aperçue, *et cette seconde marée est presque égale à la première*.

Même ouvrage, même tome, page 148 : « Si « l'océan n'éprouvait dans ses mouvements au- « cune résistance, l'instant de la pleine mer se- « rait celui du passage du soleil (ou de la lune) « au méridien supérieur et inférieur ; mais il « n'en est pas ainsi...... ( page 155 ) l'inconceva- « ble activité de l'attraction..... ( page 213 ) dont

« la vitesse est au moins sept millions de fois
« plus grande que celle de la lumière (qui nous
« vient de la lune en 2 secondes)..... Ce n'est
« donc (page 155) qu'à ces impressions commu-
« niquées par ces astres à la mer, qu'il faut attri-
« buer le retard. »

1° Ce n'est pas le soleil et la lune qui passent à
chaque méridien de la terre toutes les 24 et 25
heures, c'est chaque méridien qui passe sous le
soleil et sous la lune dans ces intervalles : et
c'est bien différent.

Le soleil et la lune n'y paraissent passer *que*
*par leur mouvement apparent d'orient en occi-*
*dent.* Alors l'attraction aurait lieu progressive-
ment d'orient en occident, et diminuerait après
le passage de la lune, diminuant d'occident en
orient : et c'est tout l'opposé.

Par la rotation de la terre, chaque méridien
vient passer sous la lune d'occident en orient.
L'attraction ( et la pression d'après moi ) commence d'orient en occident par la lune sur la
terre, et diminue d'occident en orient; c'est un
fait que les savants ne peuvent démentir.

Donc, page 159 de son *Uranographie,*
M. Francœur se trompe en disant : *Deux masses*
*d'eau s'accumulent sous forme de montagnes*
*liquides opposées; elles suivent la lune dans sa*
*marche.* Non.

Chaque méridien *la poursuit, l'atteint,* et *puis la fuit.* Voilà l'effet de la rotation de la terre à l'égard de la lune, circulant autour d'elle.

2° Je pense, avec M. Laplace, *que l'attraction est instantanée, mais progressive en raison des distances.* Or, à mesure que chaque méridien approche de la lune, l'attraction réciproque augmente ; elle est à son *maximum* pour chaque méridien quand il passe sous le centre de la lune.

Si la lune *élève les mers,* cette élévation doit *être instantanée ;* car, comment la plus grande élévation pourrait-elle arriver à l'orient, quand la lune paraît *s'enfuir* à l'occident par la rotation de la terre ?

Point d'antipathie, savants, pour les machines simples ; prenez deux boules, et figurez le mouvement de la lune autour de la terre, et la rotation de la terre en tournant autour du soleil : *assurez-vous des faits, et calculez après.*

Et si l'attraction par pression est instantanée pour toutes les cheminées qui fument, quand le soleil et la lune, dans les *néoménies,* passent à leur méridien, pourquoi le même effet ne se produirait-il pas sur les mers? La même cause céleste doit produire le même effet sur la terre.

Aussi l'attraction opère l'un et l'autre par l'effet de la pression, ayant pour cause la pres-

sion de la lune sur l'atmosphère, et de l'atmosphère sur les mers.

C'est en arrêtant les courants que les eaux qui
en sont détachées se déversent par la force centripète vers le rivage abaissé, en rétrogradant
vers le nord par l'effet de la même force.

Ici les marées de l'océan ont une cause de plus.
Ces eaux montaient par la résultante des forces
centripète et centrifuge vers l'équateur, plus
élevé que chaque pôle de 4 lieues au-dessus du
centre de la terre. Cette résultante est une exception à la loi générale du mouvement des liquides.

Aussi cette résultante n'existe plus pour les
eaux des courants, déplacées par l'effet de la
pression occasionnée par l'attraction.

Et ce sont ces courants qui, ayant repris leurs
cours quand les eaux du reflux arrivent, les repoussent et occasionnent un flux égal au premier.
L'eau du flux devient alors un pendule entre
le courant et le rivage : second flux qui n'a pas
lieu dans la mer Pacifique, parce que les courants
sont infiniment moins élevés, et que la surface
plus étendue de cette mer reçoit et dissémine
dans son espace les eaux du reflux; peut-être
aussi, et plutôt, le rivage est plus éloigné des
courants, ce qui ferait que les marées mettraient

le double du temps à arriver ; alors il ne pourrait y avoir de second flux en 24 heures.

L'attraction magnétique, par diverses expériences qui me sont particulières, ajoutera, dans un plus grand ouvrage sur ce sujet, l'analogie la plus exacte aux preuves que je viens d'émettre, et en fournira de nouvelles.

Et l'attraction ne pouvant arrêter les pierres de ses volcans, si la lune en avait, *et que leur projection eût une force quadruple* (dit M. Francœur, *Uronographie*, pag. 84, art. 64) *de celle de la poudre à canon*, comment peut-on supposer que l'attraction de la lune, à 84,000 lieues, puisse arracher les mers à l'attraction de la terre sur laquelle elles reposent, et lorsque cette terre a 68 fois plus de masse ou de pesanteur que son satellite ?

Je vais clore ce dernier exposé, trop succinctement développé, *sur la vraie nature de l'action de la lune sur les mers*, par un passage *décisif* du tableau *des vents, des courants et des marées*, par *M. Romme*, tome II, pages 1 et 2 :

« Au large, les eaux n'éprouvent pas les « changements qui sont observés sur le ri- « vage (1)..... Les mouvements *verticaux* de

(1) Quel changement est opéré sur le rivage ?
Les eaux qui bordent le rivage s'élèvent-elles *vertica-*

« l'océan, distingués sous le nom de *marées*,
« sont très faibles; *s'ils prennent de la grandeur,*
« *c'est sur les côtes....* et ils en prennent d'au-
« tant plus que leurs mouvements sont plus
« gênés (1)..... »

Ces effets sont ostensibles et ne présentent
aucun doute à ceux qui les observent sans *pré-
jugés scientifiques,* qui sont plus difficiles à
combattre que les autres (2).

*lement?* Non. Ce sont les eaux de la haute mer, de la
pleine mer, qui viennent du sud-ouest sur nos côtes,
frapper ou couvrir, dans les beaux jours d'été, ceux qui
se baignent dans la mer, en les forçant de se rapprocher
des bords qu'envahit *la vague ou les vagues* qui les ont
frappés, en couvrant l'eau du bord du rivage avant que de
couvrir ce dernier.

(1) Les mouvements faibles, *mais verticaux,* sont
instantanés comme *l'attraction* qui opère *la pression;* elle
exhausse de toute part par les eaux déplacées les côtés de
l'endroit qu'elle presse. Et ces eaux déplacées qui ont
élevé les côtés de l'endroit pressé, *après le passage apparent de la lune au méridien* (méridien qui la fuit),
elles fluent sur le rivage plus abaissé que la pleine mer.
L'élévation verticale des eaux sur les bords escarpés de la
mer n'est due qu'à *l'obstacle* qui, empêchant les eaux de
s'étendre, les force de s'élever contre les parois qui les
arrêtent.

(2) En voici une preuve. Je la prends dans l'excellent
Traité de chimie de *M. le baron Thénard,* 2e édition,
tom. Ier, page 169, note (*a*).

Mais j'ai voulu faire un second opuscule pour défendre *les découvertes et les principes du premier*, et j'entreprends ici un ouvrage *scientifique*

« Dans les environs de Sens, les habitants des campa-
« gnes étaient dans l'habitude de jeter dans leurs puits
« des tisons charbonnés du brandon de la veille de la
« Saint-Jean, prétendant que l'eau en était bien meil-
« leure, et perdait la mauvaise odeur qu'elle avait quel-
« quefois. »

Le savant professeur cite ce fait, après avoir dit *que le charbon désinfecte les viandes qui commencent à se putréfier.*

L'homme *à esprit fort* qui goûtait cette eau avant que l'on connût *cet effet dépuratif dans le charbon*, la trouvait la même qu'auparavant. Il criait *à la superstition!*

Quel était le plus *superstitieux*, ou *de l'esprit fort* qui niait le fait parce qu'il ne savait à quoi l'attribuer, ou du rustique habitant des campagnes qui, cherchant une cause à ce fait réel, l'attribuait à la bienfaisance du saint que fêtait sa piété?

Avec un esprit *moins fort* et *plus observateur*, le savant eût découvert, par les tisons des feux de la Saint-Jean, long-temps auparavant, *la propriété désinfectante du charbon.*

La science de l'optique, magique par ses effets pour celui qui l'ignore, est due à l'observation du grossissement des objets vus à travers des verres d'inégale densité, par des enfants.

A quoi servirait l'anatomie de l'œil sans cette découverte?

et d'autant plus difficile *qu'il est absolument contraire à l'opinion des savants*..... Et puis, quand la vérité m'entraîne, je sens mes forces qui s'épuisent : pour elles

« Cette seconde course a duré trop long-temps,
« Et je repose ici mes coursiers haletants : »

Il faut donc ajourner ce surcroît de tâches encore *atlantique* pour moi.

## CONCLUSION.

Malgré la cause de ces observations et les développements que je leur ai donnés, et quelle que soit encore la manière dont l'Académie en corps, et ses membres en particulier, pourront les considérer, je ne les terminerai cependant pas sans témoigner publiquement mon admiration et mon profond respect pour l'élite en tous genres des savants de la France : les habitants de la terre civilisée profitant de leurs lumières par leurs ouvrages, ou par les précis aussi clairs que fidèles qu'en donnent les journaux savants, ont pour

L'électricité *par contact,* si importante, surtout pour la chimie, est due à l'observation *d'un fait* par un étudiant en médecine, etc., etc.

Avec un esprit *moins fort* et moins *de préventions* scientifiques, le savant agrandirait la science, et bien plus sûrement.

cette réunion les mêmes sentiments d'admiration et de respect.

Et mes découvertes et mes propres opinions, tout opposées que soient ces dernières à celles des savants dans certains points, leur appartiennent pourtant encore, car je les dois et les devrai, tant que l'âge et la santé me le permettront, à l'étude de leurs savants ouvrages ; étude aussi approfondie qu'il est et sera en mon pouvoir.

C'est dirigée par ces seuls sentiments que ma vieillesse s'était plu à faire l'hommage le plus désintéressé de ses découvertes et de ses opinions à l'Académie des Sciences, puique l'opuscule qui les renferme *est imprimé*, et que la lettre *très honnéte* du respectable *M. Delambre* à M. le lieutenant-général *Allix,* écrite en juin 1827, copiée par extrait et par note au bas des pages 11 et 12 de cet opuscule, m'avait appris, aussitôt publiée, *que l'Académie n'émettait aucun avis sur un ouvrage imprimé.*

Certes je m'honore, *malgré la sorte d'opinion* émise par le savant rapporteur nommé à cet effet par l'Académie des Sciences, de ce que mon opuscule lui a fait oublier *son réglement, sa constitution,* opposés d'une manière *aussi absolue qu'honnéte* au savant ouvrage *de la Théorie de l'univers,* dont je partage en grande partie les opinions, *et surtout la théorie physique et mathématique sur l'évaporation des mers, cause du mouvement de la terre.*

Mais les savants en corps seraient bien plus grands, si la science acquise et établie par eux ne leur faisait pas repousser avec dédain et sans examen (j'aime à le croire) les élans du génie quand il ose ou les contredire, ou démontrer leurs erreurs ou celles de leurs membres. Non seulement ils veulent être immortels (ils le sont par leurs ouvrages), mais ils veulent être infaillibles; *et l'infaillibilité serait perfection, et par conséquent n'appartient pas à l'homme.*

Le savant perfectionne, autant qu'il est au pouvoir de l'homme de le faire, et le génie découvre. *Pourquoi le premier mépriserait-il l'ouvrier qui lui apporte l'or ou le diamant brut qu'il déterre*, et qu'en nos jours, au milieu du faste, de la fortune, des plaisirs et des grandeurs, le savant emploie quelques instants à travailler et à polir pour les présenter au monde qui l'admire, comme son seul ouvrage.

Qu'il fasse du moins à l'ouvrier *honneur de sa découverte*, ou qu'il le couvre de honte en démontrant son ignorance et son erreur.

Mais que par un rapport *fatigant et sans motifs, par une comparaison sans analogue, on* enterre une découverte *dont d'autres s'empareraient bientôt*, voilà ce que je veux empêcher;

je m'oppose *à la cupidité des frelons de la science.*

Copernic a rappelé le système attribué à Pythagore, enseigné par *Philolaüs* et *Aristarque,* oublié 1600 ans.

Et moi *le premier,* en prouvant *la mobilité de la terre, physiquement* et *mathématiquement,* j'ai démontré *que ce n'était pas un système,* mais le vrai mouvement de ce monde planétaire, et sans doute de tous les mondes planétaires qui remplissent un espace sans limites.

J'ai donc fixé les bases *incertaines* de l'astronomie.

Mon but, en les publiant, a été et n'a pu être que de voir les savants s'emparer de ma découverte, afin de la rendre plus utile à l'agrandissement de la science qui occupera les restes de ma vie solitaire, malgré les contrariétés qu'éprouve *la vérité* que je proclame sans art; et dans Paris elle a besoin et *d'art et de prôneurs* pour pouvoir se répandre. Le temps la servira.

DE VINCENS.

## TABLE DES MATIÈRES.

153

la terre tournant sur elle-même en vingt-quatre heures, montre toutes les vingt-cinq heures tous ses méridiens au centre de la lune; ce qui rend l'effet tout-à-fait opposé. — La pression de la lune élève la mer par les eaux qu'elle déplace, qui déversent sur le rivage quand le méridien a abandonné la lune. — Par la résultante des forces centripète et centrifuge, les eaux coulent en montant des pôles vers l'équateur. — L'auteur annonce un ouvrage plus étendu sur le système des marées. 122

## POST-SCRIPTUM.

**Deux erreurs de l'auteur.**

1° J'ai commis une erreur dans ma huitième observation, pag. 79, et par conséquent pag. 70 du premier opuscule que cet article du second explique. J'ai dit *que d'un côté de la terre immobile, on verrait les taches du soleil aller à l'orient, et de l'autre à l'occident, et je l'ai établi par une comparaison qui serait très juste*, si la terre, *seule immobile dans l'espace*, avait d'autres points fixes pour observer les objets. Mais étant *seule immobile* (si elle l'était), elle n'a que deux points fixes, le *nord* et le *midi*, le mouvement du soleil rend mobile l'orient et l'occident, puisque l'orient est l'effet de son apparition, et l'occident celui de sa disparition.

2° Je me suis aperçu bien plus tôt d'une autre erreur dans le premier opuscule, pages 105 et 106, sur la preuve du mouvement de la terre par celui de la lune.

Mais ces deux erreurs, ces deux preuves de moins dans une science aussi abstraite, et où j'ai eu le tort de les trop multiplier, quoique j'en eusse pu émettre bien davantage ; ces deux preuves de moins, dis-je, n'affaiblissent point les autres preuves de la mobilité de la terre, si matérielles et si précises.

Simple amateur de l'astronomie, je suis bien moins exempt d'erreurs encore que les astronomes qui en ont occupé leur vie au sortir de leurs premières études.

Et certes, *ante principium* du premier opuscule, j'ai déclaré que je n'écrivais que parce que personne n'avait écrit sur ce sujet, et par conséquent mon ouvrage ne peut être comparé à aucun autre. N'ayant eu de but que d'être utile, s'il m'était échappé quelque autre erreur, loin d'être fatigué ni humilié, si quelqu'un a la bonté de me les faire connaître, j'en serai très reconnaissant.

Ce sera agir comme moi, dans le but de servir la science et la vérité, qu'il ne faut cacher que quand elle est inutile, et qu'elle peut nuire aux intérêts et à la réputation d'autrui.

IMPRIMERIE DE AUGUSTE MIE, RUE JOQUELET, N° 9, Place de la Bourse.

# ERRATA.

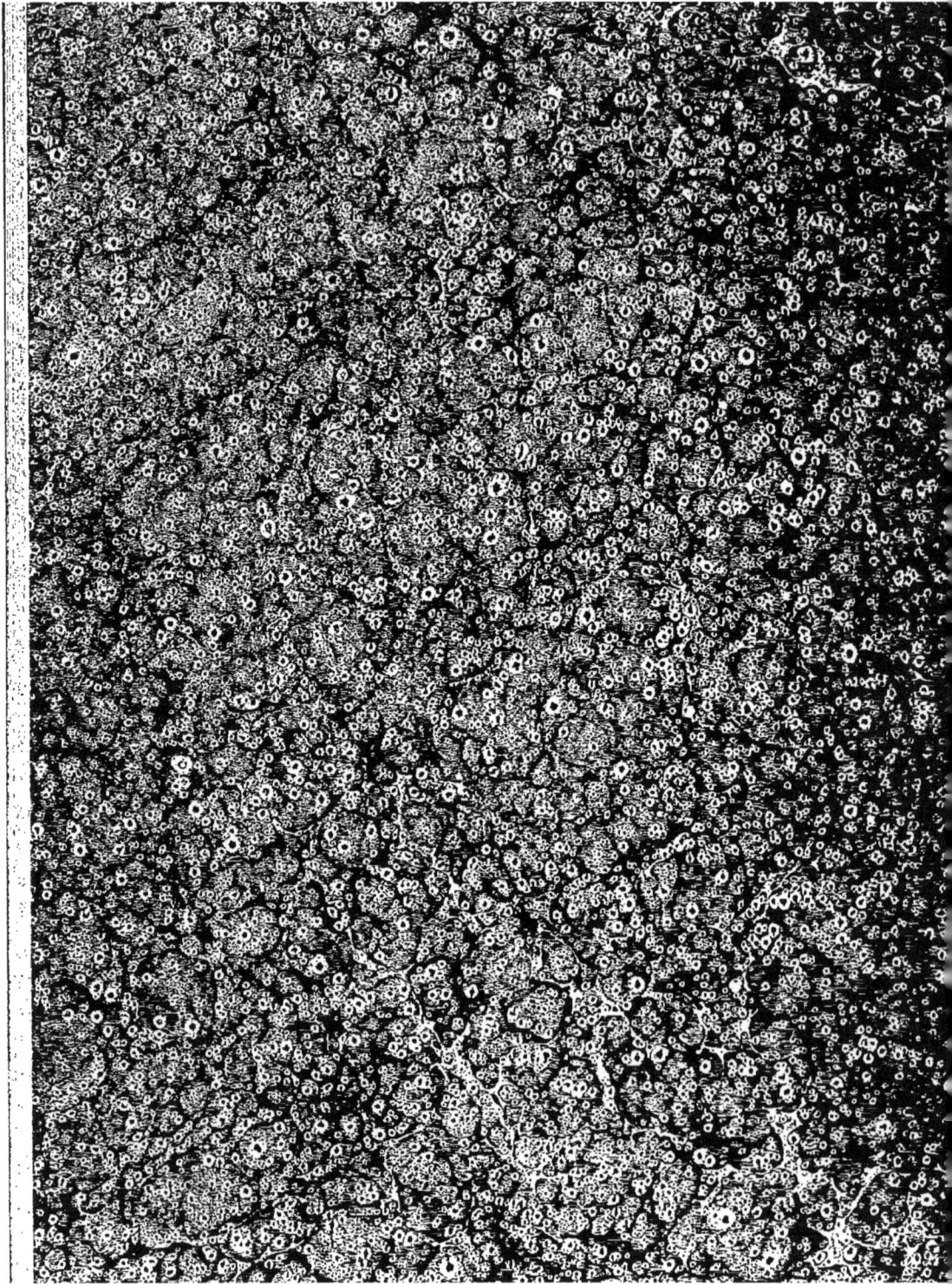

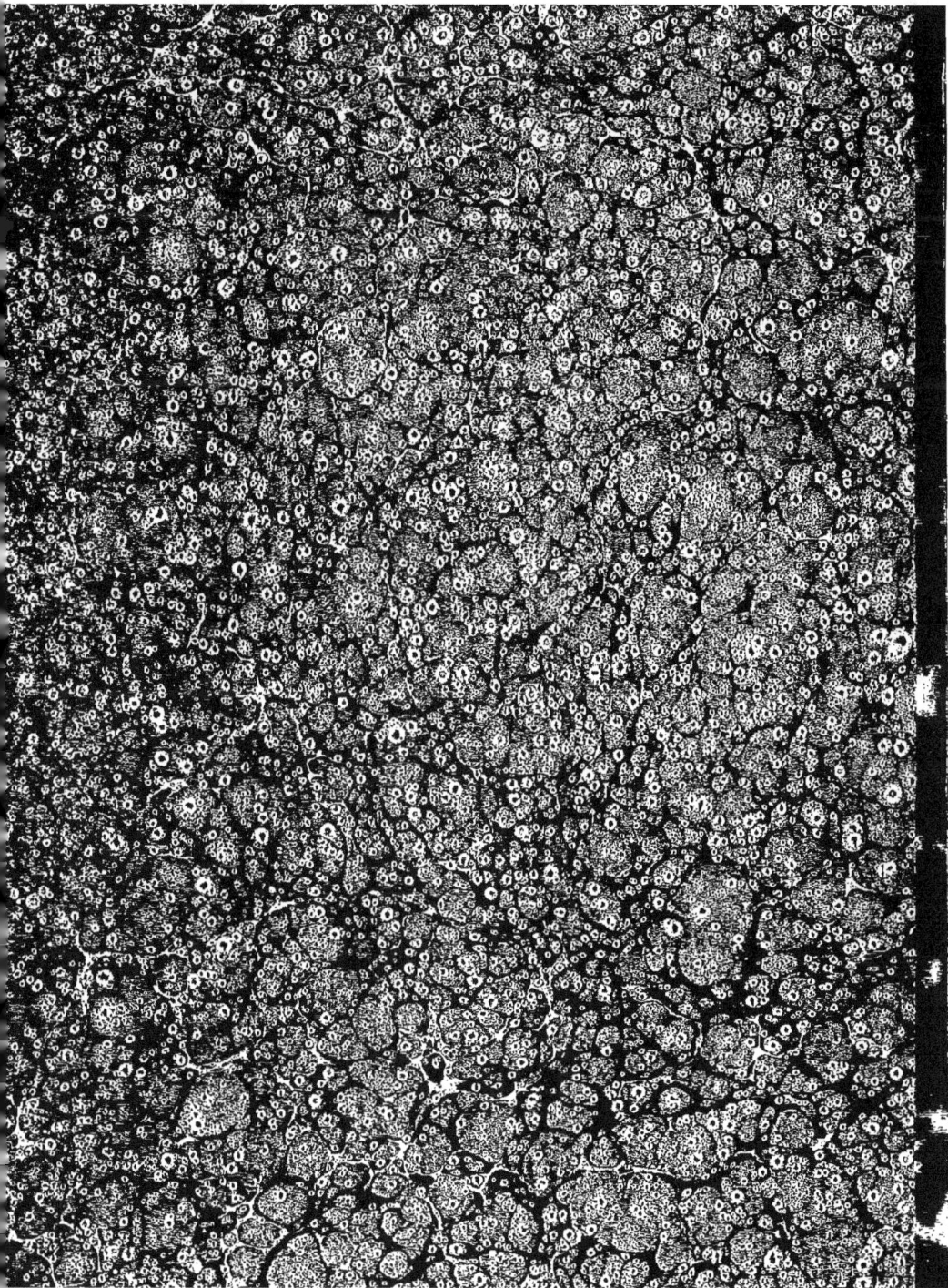

www.ingramcontent.com/pod-product-compliance
Lightning Source LLC
Chambersburg PA
CBHW050123210326
41519CB00015BA/4075